贵州省森林康养规划设计研究

主 审 曹　峰

主 编 曲婉莹

副主编 杜文章　刘进哲

科学技术文献出版社
SCIENTIFIC AND TECHNICAL DOCUMENTATION PRESS

·北京·

图书在版编目（CIP）数据

贵州省森林康养规划设计研究 / 曲婉莹主编.

北京：科学技术文献出版社, 2024.9. -- ISBN 978-7

-5235-1680-5

Ⅰ.S727.5

中国国家版本馆 CIP 数据核字第 20245JJ856 号

贵州省森林康养规划设计研究

策划编辑：张雪峰　　责任编辑：张雪峰　　责任校对：张　微　　责任出版：张志平

出　版　者	科学技术文献出版社
地　　　址	北京市复兴路15号　　邮编　100038
编　务　部	（010）58882938, 58882087（传真）
发　行　部	（010）58882868, 58882870（传真）
邮　购　部	（010）58882873
官 方 网 址	www.stdp.com.cn
发　行　者	科学技术文献出版社发行　全国各地新华书店经销
印　刷　者	北京虎彩文化传播有限公司
版　　　次	2024 年 9 月第 1 版　2024 年 9 月第 1 次印刷
开　　　本	710×1000　1/16
字　　　数	194千
印　　　张	13.75
书　　　号	ISBN 978-7-5235-1680-5
定　　　价	48.00元

前　言

随着社会经济的发展和人们生活水平的提高，健康和养生逐渐成为公众关注的热点话题。而森林康养作为一种新兴的健康养生方式，以其独特的自然疗养效果，受到了人们的广泛关注和认可。

本书旨在系统介绍和规范森林康养的理念、发展现状、标准及具体实践方法，特别是针对贵州省独特的生态环境和资源优势，提出了一系列适合本地的康养方案。

全书分为六篇，详细介绍了森林康养的发展背景、标准体系、贵州的优势、设施规划、实践活动及具体方案设计。第一篇森林康养发展建设背景详细阐述了森林康养的基本概念，回顾了国外和国内的发展现状，并分析了其发展的目的和意义。通过对比分析，我们可以更好地理解森林康养的重要性和未来发展趋势。第二篇森林康养基地的相关标准则介绍了森林康养认证指标体系和国家及贵州省的相关建设标准。标准的制定和实施对于保证森林康养基地的质量和效果至关重要。本篇内容将为相关从业者提供详细的指导和参考。第三篇贵州省发展森林康养的优势重点分析了贵州省在生态、资源、区位、政策及经济效益等方面的独特优势。这些优势为贵州省发展森林康养提供了坚实的基础和广阔的前景。第四篇森林康养设施规划设计从基础设施、服务设施、康养设施及文化设施四个方面，详细介绍了如何进行森林康养基地的规划和设计。科学合理的设施规划设计是实现森林康养效果的关键。第五篇森林养生实践则通过实际案例，介绍了森林运动养生、膳食养生、温泉养生、雅趣养生及森林研学等多种康养实践方法。丰富的实践活动不仅增强了森林康养的趣味性，也提高了其疗养

效果。第六篇森林康养方案设计提供了具体的康养方案设计原则，并针对不同体质的人群和慢性病患者，提出了针对性的康养方案。这些方案设计以科学研究为基础，结合实际案例，为不同人群提供了可操作性强的康养指导。

通过本书的系统介绍，希望能够为贵州省乃至全国的森林康养事业提供科学指导和有益借鉴，共同推进森林康养事业的发展，为广大人民群众的健康福祉做出贡献。

本书受贵州省科技厅计划项目（黔科合支撑［2023］一般 241）支持，在此感谢！

目 录

第一篇
森林康养发展建设背景

　　森林康养近年来在我国快速兴起，是林区产业转型升级，促进全民健康，实现乡村振兴的绿色朝阳产业，前景十分广阔。国家各部门相继颁布了各项支持鼓励发展森林康养产业的政策文件（表1-1），以推动森林康养产业持续化合理化的发展。

表1-1　各项支持鼓励发展森林康养产业的政策文件

发布时间	文件名称	主要内容
2015 年	《关于启动全国森林康养基地试点建设的通知》	确定"第一批全国"森林康养基地试点建设单位
2015 年	《国务院关于加快推进生态文明建设的意见》	提出要大力发展森林康养产业，促进森林康养事业健康发展
2016 年	《"健康中国2030"规划纲要》	将森林康养纳入"健康中国"建设的重点任务
2016 年	国家林业和草原局《林业发展"十三五"规划》	大力推进森林康养，发展集旅游、医疗、康养、教育、文化、扶贫于一体的林业综合服务行业

发布时间	文件名称	主要内容
2017年	《"十三五"现代服务业发展规划》	明确将森林康养服务作为现代服务业发展的重点领域
2018年	《关于进一步加强国家级森林公园管理的通知》	规范了森林公园的开发、经营和管理，为森林康养发展提供法律依据
2019年	《"健康中国行动"（2019—2030年）》	将森林康养列为重点行动之一，提出要大力发展森林康养产业
2017年	《全国国土规划纲要（2016—2030年）》	强调要保护和利用森林资源，促进森林康养产业发展
2018年	《关于促进全域旅游发展的指导意见》	提出要依托森林资源，发展生态旅游和森林康养
2018年	《全国森林城市发展规划（2018—2025年）》	明确提出要将森林康养作为国家森林公园发展的重要内容
2020年	《关于促进中医药健康旅游发展的指导意见》	鼓励中医药与森林康养相结合，推动中医药健康旅游的发展

这些政策文件为中国森林康养事业的发展提供了坚实的保障和法律依据，推动了相关产业的蓬勃发展。

一、森林康养相关概念

森林康养是指利用自然森林环境进行健康管理和康复的一种健康促进方法。它源自日本的森林浴（Shinrin-yoku）概念，强调人与自然的互动，通过在森林中放松身心，提升健康水平和生活质量。

森林康养强调人类与自然之间的和谐关系，认为大自然中的森林拥有独特的气候、植被、负离子等环境条件，对人体具有积极影响。

森林康养的核心理念包括以下几个方面。

（一）自然环境的利用

森林康养强调在自然环境中的活动，特别是森林和绿色空间对身心健康的积极影响。这种环境提供了清新的空气、自然的景观和舒适的氛围，有助于减少压力、焦虑和疲劳感。这包括①森林气候：森林中空气清新、湿度适宜，有助于改善呼吸系统、循环系统和免疫系统功能。②森林植被：森林中的植物释放挥发性有机物，具有抗菌、抗氧化、抗炎等作用，对缓解压力和促进免疫系统提升有积极影响。③负离子效应：森林里的空气中富含负离子，可以促进人体的新陈代谢、提高免疫力，改善睡眠和情绪。

（二）感官体验的重要性

参与者通过感官体验来享受森林康养的益处，包括触摸树木、欣赏植物、听取鸟鸣和水流声等。这些体验可以促进身心的放松和情绪的稳定。比如自然疗法：在森林中散步、呼吸新鲜空气、观赏美丽自然景观，可以减轻焦虑、压力和疲劳，促进身心健康。

（三）促进身体健康

研究表明，森林康养有助于降低血压、心率和皮质醇水平，增强免疫系统功能，改善睡眠质量和消化系统功能。这些身体方面的改善对于预防疾病和康复过程都具有重要意义。

（四）心理健康的提升

参与森林康养活动有助于减少抑郁、焦虑和情绪波动，提升自尊心和幸福感。在自然环境中的放松和冥想有助于改善心理健康状态，增强心理韧性。

（五）社交与文化交流

森林康养活动通常可以促进参与者之间的社交和文化交流，也有助于推广健康生活方式和可持续发展的理念。

总体而言，通过亲近自然、放松身心，人们能够在快节奏的生活中找到平衡和治愈。森林康养的实践包括森林浴、草药疗法、自然疗法、森林冥想等，目的是通过与大自然互动来调节身心平衡，提升生活质量。越来

越多的科学研究证明，森林康养对于缓解现代社会人们面临的压力、焦虑，改善睡眠质量，增强免疫力等都具有良好效果。森林康养不仅是一种健康促进的方法，更是一种与自然和谐共处的生活方式。

二、森林康养国外发展现状

森林康养作为一种以森林自然环境为基础的健康养生方式，近年来在国际范围内逐渐兴起并得到广泛关注和推广。下面介绍森林康养的国外发展现状。

（一）德国

德国的森林康养发展起步较早。德国政府通过设立国家公园、自然保护区和森林疗愈中心等，积极推动森林康养事业的发展。德国的森林康养不仅注重身体健康，还将精神健康和文化教育相结合，开展各种森林康养课程和工作坊。此外，德国还开展了一些科学研究，为探索森林康养对于焦虑、抑郁等心理疾病的治疗效果，提供了科学依据。

（二）日本

日本是森林康养的先行者和发展最为成熟的国家之一。1982年，日本开始实施森林浴政策，提倡人们通过在森林中散步、感受大自然的方式来改善身心健康。随着时间的推移，森林浴逐渐发展为一种完整的森林康养体系。日本政府在全国范围内设立了众多的森林康养基地和森林浴路径，为人们提供了丰富的森林康养资源。此外，日本还开展了相关的科学研究，证明了森林康养对心理健康和免疫系统的积极影响，为其在国内外的推广奠定了科学基础。

（三）韩国

韩国也是森林康养的积极推动者和实践者。2005年，韩国启动了森林疗愈运动，将森林康养纳入国家健康政策的重要组成部分。韩国政府在全国范围内建设了众多的森林疗愈基地，为人们提供了参与各种森林康养活动的场所。此外，韩国还开展了一系列的森林疗愈教育和培训项目，培养了专业的森林康养从业人员，提升了整个行业的发展水平。

（四）加拿大

加拿大拥有广袤的森林资源，也非常关注森林康养的发展。加拿大政府通过建设公园、林间步道和野外露营区等，为人们提供了接触大自然的机会。森林康养在加拿大获得了大众的认可，许多人选择在大自然中度假、放松心情。此外，加拿大还注重森林康养的教育和培训，培养专业的森林康养从业人员，推动行业的发展。

（五）澳大利亚

作为一个生态多样性丰富的国家，澳大利亚的森林康养也逐渐兴起。澳大利亚政府通过建立保护区、自然公园和野生动物保护区等，提供了丰富的森林康养资源。澳大利亚的森林康养不仅关注健康养生，还注重文化传承和生态保护。在澳大利亚，人们可以参与各种森林康养活动，如观鸟、探险、自然摄影等，感受大自然的美丽与神奇。

（六）芬兰

芬兰的森林资源丰富，自然环境原始美丽，因此也成了森林康养的理想地。芬兰非常重视森林康养的发展，并将其作为旅游产业的重点支持项目之一。芬兰建设了许多森林疗养村和度假村，提供了各种森林康养活动，如森林浴、野外瑜伽、冰挂等。此外，芬兰还发展了独特的森林康养产品，如森林香薰、森林蜡烛等，为游客提供了更加全面和个性化的森林康养体验。

北欧国家如瑞典、挪威和丹麦等也非常注重森林康养的发展。这些国家拥有丰富的自然资源和广袤的森林，因此在提供森林康养环境方面具备天然优势。北欧国家通过建设森林疗养中心、野外露营区和自然保护区等，为人们提供了丰富的森林康养场所。在这些地方，人们可以进行森林浴、登山徒步、划船等活动，享受大自然的美好。

总体来说，国外对于森林康养的发展非常重视，各个国家通过政策支持、场所建设、教育培训和科学研究等手段，推动着森林康养事业的蓬勃发展。这些国家都意识到森林康养对于人们身心健康的积极作用，并将其视为重要公共卫生政策的组成部分。他们的成功经验为其他国家在森林康养领域的发展提供了宝贵的借鉴和启示。

三、森林康养国内发展现状

近年来，森林康养在国内逐渐成为一种热门的旅游和健康养生方式。随着人们对健康和生活质量的追求，越来越多的人开始关注并选择森林康养作为一种放松身心、恢复健康的途径。

森林康养在国内的发展已经取得了显著的成绩。许多地方纷纷开展了森林康养项目，特别是一些山区和自然风景优美的地区。例如，云南的西双版纳、贵州的黄果树等地都建立了森林康养基地，为游客提供了一个与大自然亲密接触的机会。此外，一些城市也设立了城市森林公园，供居民进行休闲和康养活动。

越来越多的旅游景区和度假村开始将森林康养作为一项主打项目，并积极推广相关的健康养生产品和服务。然而，目前森林康养在国内还存在一些问题。诸如基础设施建设不足、服务水平有待提升、运营中缺乏专业的管理和服务团队等。

（一）上海市森林康养发展情况

上海市是重要的旅游目的地，其中都市森林旅游是其重要的一种旅游产品类型。从上海市本身的资源禀赋来看，上海市拥有一定量的郊野森林公园和温泉资源，因此适于发展森林康养产业，可覆盖本地人和吸引外来游客。

《上海市"十四五"公益林质量提升实施方案》中提到，到 2025 年，全市公益林质量全部达到基础型公益林以上等级，林分结构明显优化，生态服务功能明显增强，综合利用效率明显提升，市民感受度和满意度明显

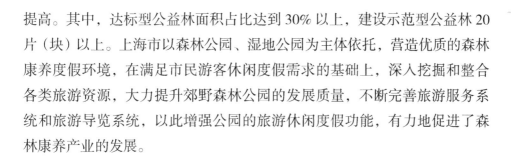

提高。其中，达标型公益林面积占比达到 30% 以上，建设示范型公益林 20 片（块）以上。上海市以森林公园、湿地公园为主体依托，营造优质的森林康养度假环境，在满足市民游客休闲度假需求的基础上，深入挖掘和整合各类旅游资源，大力提升郊野森林公园的发展质量，不断完善旅游服务系统和旅游导览系统，以此增强公园的旅游休闲度假功能，有力地促进了森林康养产业的发展。

（二）浙江省森林康养发展情况

浙江省利用自身的天然优势，积极地打造长三角地区首屈一指的森林康养目的地，主要包括有自然保护地、森林氧吧、赏花胜地、森林古道、森林人家五个大类。目前森林康养休闲、林区养生、林区养老等产业已在浙西北、浙南的山区初步形成了产业规模。

2023 年，浙江省紧紧围绕国家重大项目、"十项重大工程"等，统筹林地指标用于交通、能源、水利、民生等项目，林地转建设用地面积达 14.95 万亩，并落实林地占补平衡管理，补充林地 18.6 万亩，项目使用林地要素得到有效保障。落实国家林草局委托授权事项，制定、实施《国家级风景名胜区详细规划审批工作方案》；办理重大建设项目占用国家级自然保护区、国家级风景名胜区、森林公园、湿地公园等论证审批 62 个，助推宁波舟山港等重大项目提速落地，助力投资 800 多亿元。深入开展"关注森林"活动，推荐 12 个市县申报国家森林城市，建成省森林城镇 47 个。承办世界湿地日中国主场宣传活动，举办野生动植物保护宣传月、"爱鸟周"、植树节等活动，公布第一批 12 家观鸟胜地，朱鹮、中华凤头燕鸥慢直播观看量近 1 亿人次，杭州动物园成功引入大熊猫。持续打造"诗画名山浙里行"宣传品牌。开展省级生态文化基地遴选活动，创建省级生态文化基地 59 个。19 家基地获评全国自然教育基地。加强古树古道保护，认定公布第一批浙江省古树名木文化公园 120 个、一级古道 115 条，开展诗路文化带项目古道保护修复 32 条。

在森林康养旅游快速发展的背景下，浙江省进一步加大了对森林康养产业的投入，包括开展森林保健医疗研究、开设温州的森林旅游节等。在采取上述一系列的建设举措之后，浙江省发展森林康养产业取得了骄人的成果。例如，2018 年浙江省森林康养产业的产值位居全国第一，总产值高达 2084 亿元，并一举成为浙江省林业的第一大产业。2019 年，浙江省森林康养产业共接待游客超过 4 亿人次，由此产生的产值达 2348 亿元。仅浙江杭州，2023 年全市森林旅游实现产值 297 亿元。盘活了当地森林、土地、房产等资源，促进了山区种植业、养殖业和服务业发展，带动当地农民致富，助力乡村振兴。

上述成果的取得，应该归因于浙江省始终坚持生态得到保护、产业得到发展、林农得到实惠，毫不动摇地走绿色可持续发展的道路。

（三）江苏省森林康养发展情况

江苏省开展森林康养的资源非常雄厚，在政府政策的大力支持下稳步发展。江苏省委、省政府印发了《"健康江苏 2030"规划纲要》，江苏省绿化委员会、江苏省林业局发布《关于开展国土绿化高质量发展特色精品工程建设的通知》，促进森林康养产业带内地健康服务新业态的发展，旨在对旅游与健康产业的融合发展进行顶层设计和规划，特别是在《江苏省"十三五"旅游业发展规划》中明确提出，江苏省将加强旅游与康养、养老等产业的融合，大力发展森林康养等特色疗养保健类的旅游项目。2019 年江苏全省的省级以上森林公园共计接待游客 8237 万人次，由此产生的直接经济收入就高达 50 亿元。

（四）安徽省森林康养发展情况

安徽省沿江通海，森林自然资源丰富，依托地域和经济的优势，安徽省探索出"森林 +"康养模式，进一步丰富了自身内涵。安徽省把森林康养产业纳入了《加快推进林下经济高质量三年行动方案》的重点支持内容，积极探索森林康养产业发展新思路、新模式，提高森林康养服务水平，助力乡村全面振兴，森林与食品、医疗、文化、体育等产业持续融合发展。截止 2023 年末，全省共打造出 4 个国家级森林康养基地、40 个省级森林康养基地。全省从事森林康养产业的经营主体 1200 多家，从业人数 3 万余

人，带动了约 15 万农民就业，全省林业旅游与休闲服务年产值近千亿元。据安徽省林业局提供的数据显示，2021 年森林旅游产值 950.96 亿元，2021 年森林旅游游客量约为 14882 万人次。

（五）黑龙江省牡丹江地区森林康养基地概况

牡丹江市位于黑龙江省东南部，属黑龙江省辖地级市，其下辖 4 区、1 县，代管 5 个县级市，总面积为 4.06 万平方千米。牡丹江地区属于中温带大陆性季风气候，其春秋两季时间较短，夏季温和多雨，冬季则降雪丰富，适宜开展避暑及冰雪旅游项目。夏季是牡丹江森林康养旅游的最好季节，在这一时段，舒适的气候、茂密的森林及优美的自然风光都使牡丹江地区成为人们避暑疗养的绝佳去处，镜泊湖、威虎山、火山口地下森林等风景名胜是领略牡丹江地区自然风景、享受清新空气与清凉之旅的必游之地。

牡丹江市作为黑龙江省著名的风景旅游地，其旅游文化建设具有很长的开发历史，但在森林康养基地建设层面，目前尚处于起步阶段。2017 年，中国林业产业联合会发布了《第三批全国森林康养基地试点建设单位遴选结果公示公告》，雪乡国家森林公园、威虎山国家森林公园成为牡丹江地区首批全国森林康养基地试点建设单位。2020 年，穆棱市共和乡、海林市横道河镇七里地村入选中国森林康养试点建设乡镇；海林市林业和草原局石河森林康养人家入选中国森林康养人家。牡丹江地区也在不断探索新的森林康养旅游发展模式，在探索中创新旅游与康养产业融合，培育中医药"三产"，将中医药文化融入森林康养旅游发展，构建集养老保健、中医养生、药膳食疗、中医药科普一体的康养旅游产业。

（六）海南省热带雨林核心区域五指山概况

海南省热带雨林是我国重要的生态资源与大健康产业资源，五指山区是热带雨林的核心区域，面积 2331 平方千米，占国家公园的 54.6%，五指山、鹦哥岭、猕猴岭、黎母山、吊罗山等著名山体均在其范围内。五指山市有"天然别墅""翡翠城""中国天然氧吧"之称。琼中县具有"海南之心

三江之源、森林王国"美称，2017 年 3 月入围"2017 百佳深呼吸小城"名单。白沙县是全国经济林建设示范县、全国绿化模范县、全国百佳深呼吸小城，2021 年 10 月被生态环境部命名为第五批绿水青山就是金山银山"实践创新基地"。

五指山区的突出优势：一是森林资源。森林覆盖率达 95.9%，涵盖了海南岛 95% 以上的原始林和 55% 以上的天然林。二是气候资源。属于热带海洋山地季风气候，雨水充沛，气候温和，四周群山环抱。年均日照 1600 ～ 2000 小时，太阳中辐射为 4779 兆焦耳 / 平方米。年平均相对湿度为 80% ～ 85%，降水量为 2200 ～ 2444 毫米。年平均气温为 23.5℃，一月、七月平均气温各为 16℃、26℃，冬无严寒夏无酷暑，更加有利于避暑和冬休旅游。三是空气优质天然氧吧。世界卫生组织规定：清新空气的负氧离子标准浓度为每立方厘米大于 1500 个。五指山区负氧离子平均浓度最低值为 3695 个 / 立方厘米，是天然的大氧吧。五指山区是养生、度假、疗养的胜地，拥有"华夏养生之都"美誉。四是水资源。五指山区是三江之源发源地，海南境内大小河流 32 条，年平均流量 6.5 亿立方米，被称为"海南水塔"。五是文化资源。①红色资源，五指山区是红色革命老区，是琼崖纵队的所在地。②黎苗文化，主要表现为传说、风俗、歌舞、饮食、服饰、建筑、宗教等方面，已成为海南文化瑰宝。

四、森林康养发展的目的和意义

森林康养是以优质的森林资源和良好的生态环境为基础，以现代医学和传统医学为指引，以维护、改善和促进社会公众健康为目的。它通过人们在森林中进行休闲、运动、疗养等活动，来改善人们的身心健康状况。森林康养的目的和意义主要包括以下几个方面。

首先，森林康养以森林资源开发利用为主要内容，以促进人类健康为目的，融入森林游憩、休闲、疗养、运动、养生等健康服务的一种新理念。森林康养有助于缓解城市化带来的社会压力。随着都市化进程的加快，人们的生活节奏越来越快，压力也越来越大。而森林康养作为一种疏解压力的方式，可以使人们暂时远离城市的喧嚣，享受大自然的宁静与美好，有助于放松身心，缓解焦虑和压力，提高生活质量。

其次，森林康养对于改善人们的身体健康非常重要。现代人普遍存在久坐不动、缺乏运动等问题，这对于身体健康产生了不良影响。而森林康养提供了丰富的户外运动项目，如徒步、登山、野营等，使人们可以通过锻炼身体来增强体质，预防疾病的发生。此外，森林中的空气清新，充满了负氧离子，有助于改善呼吸系统功能，提高人们的免疫力。

再次，森林康养对于心理健康的促进也具有重要意义。在现代社会中，心理问题已成为一种普遍存在的健康隐患。而森林康养作为一种自然疗法，能够使人们远离城市的喧嚣与压力，沉浸在大自然的怀抱中，享受到宁静与平和。这可以使人们的注意力从工作和生活中解脱出来，有助于放松紧张的神经系统，减少焦虑、抑郁等心理问题的发生。同时，森林中的绿色植物和自然景观也能够带给人们美好的心境，提升幸福感和情绪稳定性。森林康养作为多元化产业，未来可以依据消费对象细分市场形成不同的发展模式，以满足各种人群的需求，如"森林环境＋现代医学"的森林医院、"森林环境＋森林漫步"的森林浴、"森林环境＋自然温泉"的森林温泉、"森林产品＋健康食谱"的药膳食疗、"森林文化＋心理疗养"的文化疗法、"森林环境＋宗教文化"的森林禅修、森林瑜伽、森林冥想等。

最后，森林康养还具有环境保护和可持续发展的意义，发展森林康养是经济效益和生态效益平衡的体现。森林是地球上最重要的自然资源之一，它不仅是生态系统的重要组成部分，还能够吸收二氧化碳、净化空气、保护水源等。通过推动森林康养的发展，可以加深人们对于自然的认识和保护意识，促进森林资源的合理利用和可持续发展。

根据国家第七次人口普查的数据显示，60岁及以上人口为26402万人，占18.70%。与2010年第六次人口普查数据相比，60岁及以上人口的比重上升5.44个百分点。贵州省人口超3856万人，其中60岁及以上人口比例为15.38%。人口老龄化程度进一步加深，已成为突出的社会问题。在此背景下，社会养老保障和养老服务的需求将急剧增加。在国家经济发展和老龄化社会的大背景下，立足贵州省森林资源优势，以中医养生理论为核心，

创建贵州国家级森林康养基地示范区，打造贵州养生康复品牌，推广倡导贵州特色森林养生产业，是贵州省委省政府《关于大力推进医疗卫生事业改革发展的若干意见》的贯彻落实。建设"健康贵州""康养贵州"意义重大。

综上所述，森林康养产业发展是一项系统工程，需要政府主导、行业推进和社会参与，涉及管理部门众多，需要探索成立统一协调机构。森林康养的目的和意义体现在缓解社会压力、改善身体健康、促进心理健康及环境保护和可持续发展等多个方面。它的发展不仅符合人们对于健康和幸福的追求，也契合了社会进步和生态文明建设的要求，因此具有巨大的潜力和重要性。

第二篇
森林康养基地的相关标准

近年来，国内有关部门出台了很多森林康养、森林疗养的规划设计、基地建设标准，对我国森林康养基地规划设计和建设具有很好的指导意义。

一、森林康养认证指标体系

《中国森林认证—自然保护地森林康养》（LY/T 3245—2020）

（一）范围

1.本文件规定了自然保护地森林康养认证的指标体系和要求，包括基本要求、森林康养场所选址、森林康养规划、森林康养产品、综合服务配置、安全保障、生态环境保护、社区发展。

2.本文件适用于自然保护地森林康养认证，其他森林经营单位可参照执行。

（二）规范性引用文件

下列文件中的内容通过文中的规定性引用而构成本文件必不可少的条款。其中，注日期的引用文件，仅该日期对应的版本适用于本文件；不注

日期的引用文件，其最新版本（包括所有的修改单）适用于本文件。

（GB 3095）《环境空气质量标准》

（GB 3096）《声环境质量标准》

（GB 3838）《地表水环境质量标准》

（GB 8978）《污水综合排放标准》

（GB/T 14848）《地下水质量标准》

（GB 15618）《土壤环境质量—农用地土壤污染风险管控标准（试行）》

（GB 16297）《大气污染物综合排放标准》

（GB/T 18005）《中国森林公园风景资源质量等级评定》

（GB/T 27963）《人居环境气候舒适度评价》

（GB 50206）《木结构工程施工质量验收规范》

（GB 50300）《建筑工程施工质量验收统一标准》

（GB 50763）《无障碍设计规范》

（DZ/T 0286）《地质灾害危险性评估规范》

（LY/T 2935）《森林康养基地总体规划导则》

（三）术语和定义

下列术语和定义适用于本文件。

1. 自然保护地（natural protected area）

由各级政府依法划定或确认，对重要的自然生态系统、自然遗迹、自然景观及其所承载的自然资源、生态功能和文化价值实施长期保护的陆域或海域。

2. 森林康养（forest-based health preservation）

以森林生态系统为依托，利用优质的森林生态环境资源，发挥森林的康体保健功能，在森林里开展游憩、疗养、保健、养生、运动、认知、体验等一系列有益人类身心健康的活动。

3. 森林康养场所（forest-based health preservation site）

依托于优质的森林生态环境资源，提供森林康养服务，且基础设施和康养服务达到一定水平的森林康养基地、森林疗养院等场所。

4. 森林康养资源（forest-based health preservation resources）

森林环境中的自然景观、空气负离子、植物精气、高质量空气、优质水源、宜人气候、林副产品等具有康养身心作用的所有生物和非生物资源。

5. 森林康养产品（forest-based health preservation products）

依托于优质的森林康养资源，为实现某种特定的健康管理目标而开展的一系列康养服务和活动。

（四）指标体系

1. 基本要求

（1）法律义务：①应确保适用的国家相关法律法规国际公约得到有效识别、获取和及时更新。②依法取得国家或相关行业的经营许可。③经营单位应依据相关法律法规的要求，按时缴纳税费。④征占用林地和改变林地用途符合国家的相关法律规定，并具有主管部门的审批文件。⑤依法取得工程项目建设许可，并具有主管部门的审批文件。

（2）权属：①土地权属或森林权属明确，四至边界清晰，应持有相关合法证明，如林权证、不动产登记证明、承包合同或租赁合同等。②现有的争议和冲突未对森林康养场所的正常经营活动造成影响，能够作为森林康养场所长期使用。③依法解决有关所有权、使用权和经营权等方面的争议，保留相关处理记录。

（3）森林康养运营管理：①应设置森林康养运营管理机构，配备运营所需的森林康养服务人员和医护人员等，形成管理体系。②森林康养运营管理机构经营应承诺诚信经营，无不良诚信记录，且未发生价格欺诈、强制消费等事件。③应建立完善的森林康养管理制度，包括工作制度、岗位职责、培训制度、考核制度与服务规范。④制定安全预警、应急救援、紧急救护和防灾减灾预案等。⑤制定具体的投诉受理程序，公布投诉电话，指定投诉受理机构，依照程序反馈投诉处理结果，并保留相关记录。

2.森林康养场所选址

（1）位置条件：①森林康养场所宜处于或邻近集中连片的森林，且形成明显森林小气候的集中区域。②按（DZ/T 0286）《地质灾害危险性评估规范》要求进行评估，确保无滑坡、崩塌、泥石流、塌陷、地裂缝、地面沉降等地质灾害隐患。③森林康养场所选址应符合自然保护地总体规划，位于自然保护地的允许经营利用区域中，并避让珍稀濒危野生动植物的主要生境。④对外交通便利，距离最近的机场、火车站、客运站等交通枢纽和干线距离不超 3 小时路程。⑤非自驾的康养对象乘坐公共交通工具能够到达，或森林康养场所可提供接驳服务。⑥连接森林康养场所的外部公路等级应符合安全行车基本要求。

（2）森林质量：①森林康养场所及毗邻的集中连片森林面积不少于 1000 hm²。②森林康养场所及毗邻的集中连片森林覆盖率大于 50%。③风景资源丰富，森林风景资源质量等级达到（GB/T 18005）的三级要求。④植被类型多样，有视觉型、听觉型、嗅觉型、味觉型和触觉型等植物，能够提供多种感官体验。注：视觉型植物指具色彩、体形、风韵、季相变化的植物；听觉型植物指在风、雨的作用下发出各种不同声响的植物；嗅觉型植物指分泌芳香油、萜烯类物质的植物；味觉型植物指可供品尝食用的植物；触觉型植物指对人的触觉有应激反应的植物。⑤宜分布挥发物具有杀菌功能的植物。

（3）环境质量：①森林康养场所区域的小气候条件适宜，其人居环境舒适等级为 3 级的天数 ≥ 60 天，人居环境气候舒适度评价应按照（GB/T 27963）执行。②环境空气质量应达到（GB 3095）环境空气功能区一类区的质量要求。③地表水质量应达到（GB 3838）的Ⅲ类水环境质量要求。④地下水质量应达到（GB/T 14848）的地下水质量Ⅱ类要求。⑤土壤无化学污染，种植、养殖等生产用途的土壤环境质量应低于（GB 15618）的土壤污染风险管制值。⑥声环境质量应符合（GB 3096）的 0 类声环境功能区类别。⑦无疫源疾病区和放射性污染风险。

3.森林康养规划

（1）规划编制：①结合实际条件编制森林康养规划，并通过自然保护地管理机构组织的专家科学论证。②森林康养规划的编制应建立在翔实、准确的森林康养资源信息基础上，包括森林资源、风景资源、实地考察结果、康体保健植物资源等信息。③森林康养规划应符合自然保护地专项规划或详细规划，位于其他森林经营单位内的应与其森林经营方案相衔接。④森林康养规划的内容应符合森林康养的有关规定，森林康养规划的内容符合（LY/T 2935）中表2-1森林康养基地总体规划编制提纲的要求。⑤森林康养规划在编制过程中应广泛征求管理部门、经营单位、当地社区和其他利益相关方的意见，应与国土空间规划相衔接，做到多规合一。

（2）规划实施：①应结合已有建筑和森林康养资源，按照森林康养规划进行功能区域划分。②实际接待的康养对象人数与森林康养产品活动强度，应低于森林康养规划设计的最大值。③配备的设施和设备应满足森林康养规划中森林康养产品规划的需求。④康养专业人员能力应满足森林康养规划中森林康养能力规划的需求。⑤根据森林康养规划，制订年度工作计划。

4.森林康养产品

（1）产品类型

森林康养产品宜包括但不限于以下7种类型：①观光类，有林海眺望、赏叶、赏花、观鸟、观溪、观石、观景等；②运动类，有林中漫步、慢跑、登山、骑行、瑜伽、太极、素质拓展等；③作业类，有栽植树木花草、园艺修枝、林下采集、手工制作等；④舒缓类，有森林冥想、森林禅修、心理咨询、自我认知与关怀、森林宣泄、森林音乐、森林绘画等；⑤认知类，有自然观察、生态知识讲座、林中阅读、研修小径等；⑥浴疗类，有森林浴、日光浴、温泉浴、冷泉浴等；⑦饮食类，有森林食疗、森林药疗、林副产品、自然茶座等。

（2）产品配置：①森林康养产品类型丰富，宜具有地域特色、民族特色、文化特色等。②森林康养产品体验应达到森林康养规划的设计要求和

预期目标。③森林康养产品应经过安全性评估，符合安全要求。④根据康养对象的年龄、身体状况和心理状态，提供适合的森林康养产品。⑤应考虑康养活动的体验时长，配置短期康养产品和周期康养产品。⑥应满足不同康养对象的个性化需求，组合搭配不同类型的森林康养产品，定制森林康养方案。

（3）康养设施与设备：①康养设施建筑造型应与周边自然环境相协调，建筑材料选择宜贴近自然且生态环保。②观光类产品应充分利用风景资源，提供观景平台、观景步道等观景设施。③运动类产品宜提供瑜伽、太极、素质拓展等运动场地设施和森林康养步道，运动场地宜设置在开阔平坦的区域。④森林康养步道宜满足以下内容：A.考虑不同人群的使用需求，步道长度宜分为短距离、中距离、长距离；B.铺装材料宜选用当地容易得到的天然石材、卵石、木材、竹材、树皮、树桩、枝条等；C.与康养体验设施和服务设施实现有效串联，便于康养对象体验各类康养产品，并获得适当的休息调整。⑤作业类产品宜提供手套、枝剪、铁锹和标本夹等工具，安排作业活动场所，便于植物栽植、园艺修枝、手工制作等产品的体验，场所应设置在允许开展作业活动的区域。⑥舒缓类产品宜提供森林冥想、森林禅修、自我认知与关怀等舒缓身心的场地设施，并设置在独立僻静的区域，可配备音乐播放和演奏设备。⑦认知类产品宜提供认知步道、研修小径、自然观察等认知体验设施，并设置在植被、地形、地貌等自然资源丰富多样的区域。⑧浴疗类产品宜提供森林浴、温泉浴、冷泉浴等浴疗设施，并设置在康养资源丰富的地点和相关服务区域。⑨饮食类产品宜提供森林食疗、森林药疗、林副产品、自然茶座等餐饮设施，并设置在相关服务区域。

5.综合服务配套

（1）服务要求：①有专业的森林康养服务团队，康养服务人员应持续接受相应培训，其森林康养专业技能和服务能力满足岗位需求，经森林康养运营管理机构考核合格后上岗。②医护人员能够提供康养指导，并具备紧急救护的能力。③形成不同渠道的预约与信息咨询服务平台，提供现场、电话和网络等不同形式的预约与信息咨询服务。④住宿和餐饮服务宜依托当地社区提供，避免生活垃圾和污水对森林生态环境造成污染。森林康养运营管理机构应建立完善的生活垃圾和污水处理设施体系，康养服务产生的垃圾废物等应达标处理后排放。

（2）服务设施与设备：①应设有接待中心等综合服务设施，设施规模应与接待能力相匹配。②应配备森林康养服务所需的道路、停车场、通讯、标识、供电、排水、燃气、污水垃圾处理、公厕及业务管理用房等基础设施。③住宿餐饮设施宜采用木结构或仿木结构建筑，木结构建筑质量标准应符合（GB 50206）要求，住宿餐饮设施为一般建筑的，建筑质量标准应符合（GB 50300）规定。④应充分考虑残障人士、老年人、儿童等特殊人群的需求，提供无障碍服务，无障碍设施设计按照（GB 50763）执行。⑤应设置必要的解说系统，包括全景图、导览图、向导牌、科普标识牌、安全警示牌等。⑥应配备充足的服务点，提供避雨、休息、补给、应急医疗等设施与设备。⑦按需设立医务室，配备必要数量的医疗应急设备和药品。⑧应配备必要的森林康养资源和生态环境监测设备，监测内容包括温度、湿度、风速、雨量、空气负（氧）离子浓度、悬浮颗粒物浓度（包括PM2.5浓度）、水质、声环境等。

6. 安全保障

（1）安全保障措施：①建立森林防火制度和火灾预警机制，建立森林防火档案。②森林康养场所宜与当地二级及以上医疗机构建立资源共享联动机制，并制定应急抢救预案。③聘请中高级医务人员作为医疗顾问指导急救培训，规范各项抢救操作和医疗应急设备的使用，开展抢救模拟演练。④在醒目的位置设置紧急救援按钮、专业救援电话，配置必要的紧急救援器材和设施，制定值班制度。⑤公示森林康养产品和服务的安全风险信息。⑥制定野生动植物对人员安全危害的防控措施，避免康养对象接触野生动物和有毒植物。

（2）设施设备安全：①建立设施设备安全检查和维护制度，制定年度安全检查方案，并做好检查和处理记录。②各类设施及标识应定期清洁、

及时维护与更新，无污损、腐蚀、误导等现象。③各类设备应无破碎、无残缺、无松动，安装牢固，定期维护。④根据需要为道路设置围栏等隔离防护措施，定期进行维护，确保道路使用安全。⑤森林康养场所应配备齐全且有效的消防设施。

7. 生态环境保护

（1）生态保护：①应备有《国家重点保护野生植物名录》《国家重点保护野生动物名录》和所在省份的重点保护野生植物名录、重点保护野生动物名录等，确定森林康养场所需要保护的国家级和省级重点保护动植物及其分布区域，制定相应的保护措施。②制定林业有害生物防治措施，宜避免使用化学农药，禁止使用国家相关法律法规禁止使用的农药等。③制定外来物种和入侵物种的控制措施，不得引入外来物种，严防入侵物种。④制定生态环境监测方案，监测森林康养活动对地表水质量、土壤质量、环境空气质量和生物多样性的影响，根据监测结果制定相应的保护措施。

（2）环境保护：①制定空气污染控制措施，经营过程中空气污染物排放应达到（GB 16297）的一级标准要求。②制定地表水污染控制措施，经营过程中排放的污水应执行（GB 8978）的一级标准要求。③制定固体废弃物污染控制措施，实施垃圾分类，森林康养场所内固体废弃物集中到当地指定废物处理点进行回收处理，及时定期清扫垃圾。④不应使用大功率广播喇叭和广播宣传车，在必要路段设有禁止鸣笛标志，交通噪声控制在60 dB 以下。⑤夜间应限制使用大功率发光器材，不应燃放烟花爆竹等。

8. 社区发展

（1）社区经济发展：①鼓励当地社区居民参与森林康养相关的住宿、餐饮、康养等服务产业，优先为当地社区居民提供就业、培训和其他社会服务的机会。②优先选择当地社区种植、养殖、加工的产品和其他服务。

（2）沟通协商机制：与当地社区建立沟通与协商机制，并保留沟通协商记录。

二、国家森林康养基地标准

《国家级森林康养基地标准》(T/LYCY012-2020)

(一) 范围

1. 本标准规定了国家级森林康养基地的必备条件和基本要求。

2. 本标准适用于国家级森林康养基地认定。

(二) 规范性引用文件

下列文件对于本文件的应用是必不可少的。凡是注日期的引用文件，仅注日期的版本适用于本文件。凡是不注日期的引用文件，其最新版本（包括所有的修改单）适用于本文件。

(GB 3095)《环境空气质量标准》

(GB 3096)《声环境质量标准》

(GB 3838-2012)《地表水环境质量标准》

(GB 15618)《土壤环境质量标准》

(GB 9664)《文化娱乐场所卫生标准》

(GB 16153)《饭馆（餐厅）卫生标准》

(GB 16889)《生活垃圾填埋场污染控制标准》

(GB 18485)《生活垃圾焚烧污染控制标准》

(GB 18918)《城镇污水处理厂污染物排放标准》

(GB 2894)《安全标志及其使用导则》

(GB 5749)《生活饮用水卫生标准》

(GB 8978)《污水综合排放标准》

(GB 9663)《旅店业卫生标准》

(GB 14934)《食（饮）具消毒卫生标准》

(GB 18483)《饮食业油烟排放标准（试行）》

(GB/T 17217)《城市公共厕所卫生标准》

(GB/T 18973)《旅游厕所质量等级的划分与评定》

（GB/T 26354）《旅游信息咨询中心设置与服务规范》

（GB/T 19095）《生活垃圾分类标志》

（GB/T 18005）《中国森林公园风景资源质量等级评定》

（GB/T 31710）《休闲露营地建设与服务规范》

（GB/T 34335）《风景名胜区管理通用标准》

（GB 50763-2012）《无障碍设计规范》

（GB 51143）《防灾避难场所设计规范》

（GB 50016-2016）《建筑设计防火规范》

（LY/T 2934-2018）《森林康养基地质量评定》

（LY/T 2935-2018）《森林康养基地总体规划导则》

（NTS 0708）《国家登山健身步道标准》

（HJ 633）《环境空气质量指数（AQI）技术规定（试行）》

（LB/T 034）《景区最大承载量核定导则》

（CJJ/T 102）《城市生活垃圾分类及其评价标准》

（LB/T 065-2017）《旅游民宿基本要求与评价》

（LB/T 051-2016）《国家康养旅游示范基地》

（HJ/T 129-2003）《自然保护区管护基础设施建设技术规范》

（LY/T 1678-2014）《食用林产品产地环境通用要求》

（三）术语和定义

1. 森林康养（forest healing）

森林康养是以森林生态环境为基础，以促进大众健康为目的，利用森林生态资源、景观资源、食药资源和文化资源并与医学、养生学有机融合，开展保健养生、康复疗养、健康养老，促进身心健康的活动。

2. 森林康养基地（forest healing base）

利用具有康体保健功能的森林、湿地等环境，开发特色康养产品，开展游憩、食药、健身、养生、养老、疗养、认知、体验等服务的环境空间场地、配套设施和相应服务体系的森林康养经营单位。

（四）必备条件

1. 国家森林康养基地权属清晰，依据森林康养基地规划其边界明确，且无土地纠纷。

2. 国家森林康养基地功能分区规范，符合（LY/T 2935-2018）《森林康养基地总体规划导则》的要求，包括森林康养区、游憩欣赏区和综合管理区。

3. 最近 5 年无违法违规和灾害发生。如地质灾害、重大森林火灾、森林病虫害和外来有害生物入侵等，非法森林采伐和违法征占用林地或违规改变林地用途等活动发生。

（五）基本要求

1. 森林资源

（1）基地森林的数量和质量：应符合（LY/T 2934-2018）《森林康养基地质量评定》的要求。

（2）基地周边森林景观资源：应符合（GB/T 18005）《中国森林公园风景资源质量等级评定》的要求。

（3）自然或人文资源：应拥有与森林康养相关的、独特的自然或人文资源，并享有一定知名度。

2. 环境质量

（1）空气质量指数：认定前一年度的（GB 3095）和（HJ 633）规定的空气质量指数（AQI）年达标天数比例应≥ 65%，且近三年空气质量呈持续改善趋势。

（2）地表水环境质量：应达到（GB 3838-2012）规定的Ⅲ类以上标准，视野范围内地表无黑臭或其他异色异味水体；建有生活污水集中处理设施，生活污水集中处理率≥ 80%，并按（GB 18918）规定的要求排放。

（3）生活垃圾：无害化处理率应≥ 85%，并符合（GB 16889）或（GB 18485）的要求，末端垃圾填埋或焚烧处理设施不应设在基地内。

（4）大气环境质量：应达到（GB 3095）环境空气质量标准国家三级标准；空气负离子含量达到（LY/T 2934-2018）《森林康养基地质量评定》要求。

（5）声环境质量：应达到（GB 3096）规定的Ⅰ类标准，康养区等特别需要安静区域的环境噪声 ≤ 10 类限值。

（6）土壤质量：应达到（GB 15618）规定的三级标准。

3. 森林康养

（1）产品和服务：①应具有与森林康养相应的产品和服务，并达到一定规模。可利用森林环境中的空气、水体、植物或森林生态环境要素等来设计产品，包括但不限于森林温泉、森林浴、森林体验、森林药膳、森林认知、森林养生、森林运动等，以达到康养目的；或可利用人文资源，即人类在经验、方法和技能方面的总结来设计产品，如中医养生、康复、理疗、冥想、瑜伽、禅修、武术等，以达到康养目的。②应拥有主题明确、特色鲜明的森林康养产品和服务。③应拥有数量充足、档次合理的森林康养住宿设施。④应拥有数量充足、档次合理的森林康养餐饮设施。⑤宜同时提供标准化和个性化、长中短期相结合的森林康养服务系列产品，满足不同访客的差异化需求。

（2）服务质量：①基地整体布局应合理、美观、生态，并体现森林康养文化特色。②提供森林康养服务人员应数量充足、结构合理。③开展森林康养活动的实体在设备、技术制度、专业知识和服务等方面应具有专业保障。④应制定保障森林康养产品和服务质量的安全、从业人员、资源、风险等方面的规章制度。

（3）服务地方经济：①通过提供森林康养服务增加税收和就业岗位等，为当地脱贫、区域大健康产业（服务业）和国民经济发展做出贡献。②国家森林康养基地接待国内外访客人次应具有一定规模。

（4）无障碍设施：①应充分考虑残障人士、老年人等特殊人群的需求，提供无障碍服务。无障碍设施符合（GB 50763–2012）第 3 项的要求。②无障碍设施符号应符合（GB/T 10001.9）的规定。

（5）产业联动与融合：①应形成森林康养业态与投融资、保险、养老、养生、康复、观光、度假、体育等业态的产业联动。②应与本地相关产业，如旅游、医疗、绿色有机农业、养老产业等融合发展。③应培育出有当地

特色的森林康养用品和服务。

（6）服务管理：①应建立森林康养相关服务的管理体系。②应与专业机构合作，并能展开森林康养的监测和评估。③应编制培训体系，定期对从业人员开展培训，培训内容应包括森林康养知识和技能，并提供相应的培训经费保障。④应设立统一的投诉受理机构，投诉渠道通畅、处理及时。

（六）设施与服务

1. 接待设施与服务

（1）住宿设施与服务：①应有数量充足、不同档次、不同类型、地理位置合理的接待设施。②应具有一定数量的、能提供森林康养服务的住宿设施，并符合（GB50016-2016）《建筑设计防火规范》和（GB 51143-2015）《防灾避难场所设计规范》的相关要求。

（2）餐饮设施与服务：①应有数量充足、不同档次、不同类型、地理位置合理的餐饮设施。②应具有符合森林康养理念的特色餐饮，能提供具有当地特色的绿色、有机膳食。食用林产品符合（LY/T 1678-2014）《食用林产品产地环境通用要求》。③餐饮经营者应严格执行食品卫生、保鲜等有关法规和标准，就餐环境应整洁。④餐饮场所卫生条件应达到（GB 16153）规定的要求。⑤饮食业油烟排放应达到（GB 18483）规定的要求。

2. 购物设施与服务

①应设立专门的森林康养产品购物场所。②应销售特色化、系列化、品牌化的森林康养商品、森林生态食品和当地林副特产品等。

3. 公共服务

（1）交通服务：①对外交通便捷，可进入性较好，应符合（LY/T 2934-2018）《森林康养基地质量评定》的相关要求。②内部的交通网络应较为发达、便捷。③内部应有较为完善的步行交通系统，符合森林步道标准。④应提供较为充足的停车场，并符合停车场设计规划要求。

（2）游憩欣赏服务：①应提供体系完善的公共游憩空间和丰富的欣赏活动，相关设施应符合（LB/T 047-2015）《旅游休闲示范城市》中4.3.3的

规定。②游憩欣赏点数量和布局应充分考虑其规模与密度的配合，并提供配套的休息设施。③宜拥有文化类或体育类公共活动场所，并免费向访客及公众开放。

（3）信息咨询服务：①应形成不同渠道的信息咨询服务平台，提供现场信息咨询、电话信息咨询和网络信息咨询服务。②应提供森林康养产品和服务的推荐信息，以及安全风险信息。

（4）咨询服务中心：①应设立数量充足、不同档次、地理位置合理的咨询服务中心或服务点，相关服务应符合（GB/T 26354）的规定和要求。②应提供及时准确的咨询服务，兼具受理访客投诉的功能。

（5）智慧服务系统：①应设有运营稳定、可实时查询的公共信息网站或手机 APP 下载客户端服务。②基地内主要康养点、游憩欣赏点、访客服务中心、住宿场所、交通站场均应覆盖无线网络或宽带网络。③信息化服务应达到（LB/T 021-2013）《旅游企业信息化服务指南》的标准。

（6）导向标识服务：①在主要康养点、游憩欣赏点、访客服务中心、餐饮场所、住宿场所、购物娱乐场所等应设置导向标识。②公共信息导向标识应符合（GB/T 10001.1）、（GB/T 10001.2）、（GB/T 10001.3）、（GB/T 10001.4）和（GB/T10001.5）的规定。③各类导向系统设计应符合（LB/T 012-2011)《城市旅游公共信息导向系统设置原则与要求》的规定。

（7）安全健康保障服务：①应建立健全的安全风险提示制度和突发公共事件的应急处理预案，完善安全控制和访客应急救治体系等。②根据基地规模设置相应的医疗机构，并具备急救应急响应条件。应在交通枢纽、访客活动场所等访客相对密集地方，设专职安全保卫人员与医疗救护点，确保访客者人身和财产安全。③应对基地内从业人员进行卫生健康知识和救护技能培训，建立具有一定健康护理知识并受过培训的志愿者服务机构。④应建立访客安全预警机制，访客容量核定应符合（LB/T 034）的要求，并应在容量控制的基础上制定旺季访客疏导预案。

（8）便民惠民服务：①应建立覆盖森林康养和游憩活动全过程的通信、金融、环卫等便民服务设施。②应出台针对特殊人群如残障人士、老年人、青少年等的优惠措施。③应免费开放一部分游憩资源和休憩环境。

（9）教育宣传：①应多渠道地开展森林康养等形象宣传。②应提供森林、森林康养与游憩及相关知识的科普服务。③应具备森林和健康教育服务设施。

（10）厕所和环境卫生：①厕所应数量充足、卫生文明、干净无味、实用免费、有效管理，符合（GB/T 18973）的相关规定和要求。②主要康养点、游憩欣赏点、线路沿线、休闲步行区等区域的厕所应符合（GB/T 18973）的规定和要求。③高峰期应配有流动备用厕所，社会单位厕所能向公众开放。④主要康养点、游憩欣赏点或访客活动相对密集的场所应环境整洁。⑤应垃圾分类，合理配置分类垃圾收集点、垃圾箱（桶）、垃圾清运工具等，并保持外观干净、整洁、不破损、不外溢，做到日产日清。无垃圾随意抛撒、倾倒和焚烧现象。⑥各康养、游憩等场所卫生条件应达到（GB 9664）规定的要求，游泳场所达到（GB 9667）《游泳场所卫生标准》规定的要求。

（七）经营管理

1. 经营管理体系

根据经营规模应建立必要的经营管理体系、规章制度和组织机构。

2. 环境质量监督

根据经营规模应建立必要的森林资源和环境质量监督、评估体系和组织机构。

3. 森林康养效果监测

应建立森林康养效果的监测设施和评价措施。

4. 税费

应按期缴纳依法规定的税和费。

5. 职工福利

应按期发放和缴纳职工的各项福利费用，如工资、劳动保护用品、养老金和保险等。

6. 投融资结构分析

应定期开展投融资规模和资金结构分析。

7. 成本效益评估

应定期开展经营管理成本与效益评估。

8. 财务计划

应保存近 3 年财务计划、年度预算和决算及财务报告分析。

三、贵州省森林康养基地建设标准

《贵州省森林康养基地建设规范》(DB52/T 1198—2017)

(一) 范围

1. 本标准规定了贵州森林康养基地建设的术语和定义、设立基本条件、分区建设、康养服务设施、基础设施、康养技术人员。

2. 本标准适用于贵州省范围内森林康养基地建设。

(二) 规范性引用文件

下列文件对于本文件的应用是必不可少的。凡是注日期的引用文件,仅所注日期的版本适用于本文件。凡是不注日期的引用文件,其最新版本(包括所有的修改单)适用于本文件。

(GB 3095)《环境空气质量标准》

(GB 3096)《声环境质量标准》

(GB 3838)《地表水环境质量标准》

(GB 8408)《大型游乐设施安全规范》

(GB/T 10001.1)《公共信息图形符号第 1 部分:通用符号》

(GB/T 10001.2)《公共信息图形符号第 2 部分:旅游设施与服务符号》

(GB/T 10001.3)《公共信息图形符号第 3 部分:客运与货运符号》

(GB/T 10001.4)《公共信息图形符号第 4 部分:运动健身符号》

(GB/T 10001.5)《公共信息图形符号第 5 部分:购物符号》

（GB/T 10001.6）《公共信息图形符号第 6 部分：医疗保健符号》

（GB/T 10001.9）《公共信息图形符号第 9 部分：无障碍设施符号》

（GB/T 15566）《公共信息导向系统—设置原则与要求》

（GB 15618）《土壤环境质量标准》

（GB 16153）《饭馆（餐厅）卫生标准》

（GB 16889）《生活垃圾填埋场污染控制标准》

（GB 18483）《饮食业油烟排放标准》

（GB 18485）《生活垃圾焚烧污染控制标准》

（GB 18871）《电离辐射防护与辐射源安全基本标准》

（GB 18918）《城镇污水处理厂污染物排放标准》

（GB/T 18973）《旅游厕所质量等级的划分与评定》

（GB/T 20501）《公共信息导向系统—导向要素的设计原则与要求》

（GB/T 50340）《老年人居住建筑设计标准》

（GB 50763）《无障碍设计规范》

（GB/T 50939）《急救中心建筑设计规范》

（GB/T 51046）《国家森林公园设计规范》

（CJJ 134）《建筑垃圾处理技术标准》

（JGJ 62）《旅馆建筑设计规范》

（JGJ 64）《饮食建筑设计标准》

（LB/T 051）《国家康养旅游示范基地》

（LY/T 2586）《空气负（氧）离子浓度观测技术规范》

（LY/T 5132）《森林公园总体设计规范》

（三）术语和定义

下列术语和定义适用于本文件。

1. 森林康养（forest health and wellness）

以森林景观、森林空气环境、森林食材、森林文化等为主要资源和载体，配备相应的养生休闲及医疗、康体服务设施，开展以森林体验、修身养性、调适人体机能、延缓衰老为目的的森林游憩、度假、疗养、保健、

养老和教育等活动的统称。

2. 森林康养基地（base of forest health and wellness）

以森林资源及其赋存生态环境为依托，通过建设相关设施，提供多种形式森林康养服务，实现森林康养各种功能的森林康养综合服务体。

3. 森林康养资源（resources of forest health and wellness）

森林环境中有利人类健康并对心理产生积极影响，可以为森林康养开发利用，并可产生经济效益、社会效益和生态效益的森林景观、森林空气环境、森林食材等各种要素的总和。

4. 森林康养文化（culture of forest health and wellness）

以森林为物理环境的一种长期形成的有关养护身体和生命的物质文化和精神文化。

（四）设立基本条件

1. 面积

基地面积 ≥ 100 hm^2。

2. 基地地址选择

（1）区位交通：基地距离交通枢纽和干线 ≤ 2 h 车程。

（2）权属：权属清晰，能够作为森林康养基地长期使用。

3. 森林资源质量

（1）森林覆盖率：森林覆盖率应在 ≥ 65% 以上。

（2）郁闭度：康养基地森林郁闭度应介于 0.5 ～ 0.7。

4. 风景资源质量

应至少包括地文、水文、生物、天象、人文五类森林风景资源中的三类资源。

5. 生态环境质量

（1）水质：地表水环境质量达到 GB 3838 规定的 Ⅲ 类，污水排放按照标准 GB 18918 中一级标准的 B 标准规定执行。

（2）负离子含量：空气负离子含量平均值＞1200 个 /cm³。

（3）空气细菌含量：空气细菌含量平均值＜500 个 /m³。

（4）PM2.5 浓度：达到（GB 3095）环境空气污染浓度限值二级标准。

（5）噪声：声环境质量达到（GB 3096）规定的 1 类标准。

（6）人体舒适度指数：一年中基地人体舒适度指数为 0 级（舒适）的天数≥150 d。

（7）土壤质量：土壤质量达到（GB 15618）规定的二级指标。

（8）环境辐射：远离天然辐射高本底地区，无通过工业技术发展变更的天然辐射，无有害人体健康的人工辐射，符合标准（GB 18871）。

（9）其他环境空气污染物：按照（GB 3095）《环境空气质量标准》规定的二类区执行。

（10）森林健康环境：森林健康环境参照（DB11/T 725）《森林生态系统健康评价规范》执行。

（五）分区建设

1.分区结构

基地功能区划分接待区、康养区、游憩区，各功能区可根据基地功能需要，再设突出特色的功能区域。

2.分区建设条件

（1）接待区

选择地势平坦、集散方便、位置合理、视野开阔的地方，应能容纳较大规模的康养人群和车辆。

（2）康养区

康养基地康养区资源条件指标见表 2-2。

（3）游憩区

根据基地发展功能特色，预留一定面积设置森林养生康复、休闲游憩、体育健身、自然教育等活动的设施及场所。设施色彩、体量、布局应与自

然环境相协调。

3.分区建设内容

（1）接待区

①建设具有康养接待中心、停车场、餐饮、住宿、购物设施和必要的管理和职工生活用房。

②建设具有数量充足、不同档次、不同类型、地理位置合理的餐饮、接待设施、旅游咨询服务中心。

③建设具有符合康养理念的特色餐饮，能够提供具有当地特色的绿色、有机食品。

（2）康养区

①设置1处以上森林康养综合展示展览中心。

②配置满足森林康养需要的保健、医疗等设施设备，如森林浴场、森林木屋、绿色餐厅、休闲座椅、森林教室、瑜伽馆、医疗保健中心、冥想空间、康养步道、自然观察径等。

③具有中医传统养生的疗养服务站、坐观场所，基地内物产数量丰富、品质高，能够提供安全营养的绿色森林养生食品，制定有针对性的食疗菜单。

（3）游憩区

配置满足森林康养游憩活动需要，符合健康要求的娱乐、休闲、体验设施，如自然教育中心、森林多功能活动中心、森林文化创意坊、休闲建设活动中心等。

（六）康养服务设施

1.主要康养服务设施建设种类

主要康养服务设施建设种类包括住宿、餐饮、购物、管理服务、康养健身、休闲娱乐、科普教育、医疗设施等，应根据基地功能分区确立旅馆的位置、等级、风格、造型、高度、色彩、密度、面积等。

具体建设内容见表2-1。

2. 住宿设施

（1）基地住宿服务，应根据康养人群的规模和需求，确定宾馆、饭店、特色旅店的接待房间、床位数量及档次比例，应根据康养产业发展需要预留扩建条件。

（2）住宿服务设施设计按照（DB52/T 988）执行。

3. 餐饮设施

（1）餐饮服务点规模和布局，应按照游览里程和实际条件统筹安排，应在游人集散地和较为集中的休憩点，设置餐饮服务设施。

（2）餐饮点建筑造型应与自然环境协调。

（3）餐饮建筑设施设计按照（JGJ 64）执行。

4. 购物设施

（1）基地内具有相对集中、便捷的购物设施。各功能区可根据实际需要设立购物场所，销售康养类产品。

（2）购物设施设计按照（DB52/T 1161）执行。

5. 管理服务设施

（1）应在交通便利、位置明显区域进行建设，方便基地维护管理。

（2）应根据康养人群容量、停车数量统筹安排进行建设。

（3）管理服务设施设计按照（DB52/T 1089）执行。

6. 康养健身设施

（1）选址应在森林资源良好，气候条件适宜的区域，以森林医学为指导，充分利用森林保健功能，合理建设康养健身设施。

（2）康养健身设施规模、类型和布局，应按照功能定位和实际条件统筹安排，应按照康养人群需要，设置康养和运动等设施。

（3）康养健身设施建筑造型应与周边自然环境协调。

7. 休闲娱乐设施

（1）选址和建设不得破坏康养基地原有景观和自然环境。

（2）应结合基地内地形条件和现有设施，因地制宜布设休闲娱乐服务

项目。

（3）休闲娱乐设施设计，按照（GB 8408）执行。

8. 科普教育设施

（1）选址和建设应在森林类型多样、物种多样性丰富的区域。

（2）设置森林生态科普、森林生态文化、森林康养知识解说牌。

9. 医疗设施

建筑设施设计按照（GB/T 50939）执行。

10. 安全设施

（1）应建立健全安全风险提示制度和突发公共事件应急处理预案，完善安全控制和游客应急救治体系。

（2）应建立安全预警机制。

（3）安全设施设计参照（LB/T 051）执行。

（七）基础设施

1. 道路系统建设

（1）车行道

车行道路宜达到林区Ⅲ级道路标准，符合安全行车基本要求。

（2）登山步道

宽度应 1.0～1.5 m，踏步宽度应＞30 cm，踏步高度应＜16 cm，台阶踏步数应＞2 级。

（3）徒步步道

宽度应 1.5～2.0 m，踏步宽度应＞30 cm，踏步高度应＜16 cm，台阶踏步数应＞2 级。

（4）康养步道

康养步道应避免坡度过陡，铺设路面宜适宜残疾人员及患者游览需要。步道纵坡宜＜7%，步道宽度分为三级，低强度以 0.6～0.8 m 为宜；中等强度以 1.2～1.5 m 为宜；高等强度以 1.5～2.0 m 为宜。铺设路面材质以当地材料为主，不宜硬化，应少设台阶。路面和形式富于变化，注重安全，自然、简朴、舒适、最大化减少对森林环境的扰动。

（5）步道系统解说牌

在步道转弯或分道处设置步道系统指引图、步行线路及现处位置图。按平均距离 400 ～ 500 m 设置解说牌，解说牌内容包括沿途地形地貌、步道线路及主要设施配置；现在位置点及溪流、桥、峡谷、池塘、悬崖、瀑布等目标位置；到达每一休息据点的距离与步程时间。步道每条线路以不同的颜色表示，并标明平均坡度。

2.停车场

（1）规模应与基地的游客接待容量相适应。

（2）按照（GB 1775）《旅游景区质量等级的划分与评定》中生态停车场建设执行。

3.无障碍设施

无障碍设施按照标准（GB 50763）第 3 项要求执行，无障碍设施符号按照标准现行国家标准（GB/T 10001.9）执行。

4.辅助设施

（1）环境监测设施

具备必要的环境监测设备（负离子、温度、湿度、噪音、PM2.5 等），并实时显示监测数据。

（2）厕所

森林康养基地厕所设置按照（GB/T 18973）执行。

（3）生活污水

生活污水集中处理，按照（GB 18918）中 1 级标准的 B 执行标准规定。

（4）餐饮卫生

餐饮场所卫生条件应按照（GB 16153）执行。油烟排放应按照（GB 18483）执行。

（5）垃圾处理

生活垃圾无害化处理应按照（GB 16889）或（GB 18485）执行，建筑垃圾处理应按照 CJJ 134 执行，医疗垃圾参照《医疗垃圾管理条例》。

（6）公共信息图形符号

应按照（GB 10001.1，GB 10001.2，GB 10001.3，GB 10001.4，GB 10001.5，GB 10001.6）执行。

（7）公共信息导向系统设计

应按照（GB/T 15566，GB/T 20501）执行。

（八）森林康养基地主要建设技术要点

具体建设内容详见表 2-1 ～ 表 2-3。

表 2-1　森林康养基地服务设施种类

类别	设施种类
住宿设施	休养所 *、森林木屋 *、休憩厅 *、露营地 *、树屋森林酒店、生态山庄、野外休息场所等
餐饮设施	绿色餐厅 *、休闲餐厅、餐饮服务点等
购物设施	康养类有机绿色产品销售点 *、工艺品销售点、中草药销售点等
管理服务设施	接待中心 *、停车场 *、生态厕所 *、垃圾站 *、管理用房 *、员工住宿等
康养健身设施	森林浴场 *、冥想空间 *、康养步道 *、康养服务站 *、休闲座椅 *、坐观场所 *、康体俱乐部、药草花园、日光浴场、越野行走、山地自行车、攀岩、丛林穿越等
休闲娱乐设施	森林多功能活动平台 *、观景台、休闲健身活动中心、儿童游乐设施、吊桥、森林小火车等
科普教育设施	森林体验馆 *、森林文化创意坊 *、森林教室 *、自然观察径 *、动物观察台、探访道路、森林博物馆、标本馆、图书资料馆、森林作业体验场、特色植物收集场、登山路等
医疗设施	医疗保健中心 *、康养所、急救中心、康复中心等
安全设施	围栏 *、护坡 *、监控摄像头 *、火险报警器 *、安全警示灯等

注：* 为必建设施，可根据功能需要，新建或对现有设施进行升级改造，设施规模根据需要确定

表 2-2 森林康养基地康养区资源条件八大维度指标

指标	标准
绿化度	森林覆盖率应在 65% 以上。森林郁闭度应介于 0.5 ～ 0.7
人体舒适度	一年中人体舒适度指数为 0 级（舒适）的天数 ≥ 150 d
高度	海拔 ≤ 2000 m
负氧度	空气负离子含量平均值 > 2000 个 /cm³
洁净度	空气细菌含量平均值 < 300 个 /m³；环境噪声达到（GB 3096）规定的 0 类标准，PM2.5 达到（GB 3095）环境空气污染浓度限值一级标准；其他环境空气污染物按照（GB 3095）环境空气质量标准规定的一类区执行
通视度	通视距离达到 50 m 以上
精气度	森林植被季相变化明显，小气候温润，有益于身心健康。有针对性的营造、补植释放植物精气具有保健性能植物，突出优质林分，提升康养林疗养功能
优产度	具有中医传统养生的疗养服务站、坐观场所，基地内物产数量丰富、品质高，能够提供安全营养的绿色、有机森林养生食品，制定有针对性的食疗菜单

表 2-3 森林康养基地主要建设技术要点

设施分类	建设技术要点
自然观察径	选择在生物多样性丰富，林分人为干扰少，天然更新旺盛的森林中，树种结构以乡土树种为主。通过解说的方式为游客介绍森林中的动植物及其习性、森林结构和功能、森林演替过程等
康养步道	优先选择在林木高大、植物精气浓郁的林分和有水景资源的瀑布、山泉、溪流、湖泊。修建步道的材料以本地等自然材料为主，坡度较缓
森林教室	选择在林木高大且树冠浓荫的林分中，每间森林教室容纳 30 ～ 50 名学生为宜，座椅和讲台用森林经营后的剩余物制作
森林文化创意坊	选择在交通方便，容易获取森林剩余物的林分中。需配桌椅和制作工具
森林多功能平台	选择在地势相对凹陷，周边有一定坡度的森林中，坡度在 10° ～ 20°

森林康养规划设计研究

続表

| 设施分类 | 建设技术要点 |
| 森林浴场 | 选择在负离子含量高的针叶林中为最佳，如柏木林、松林、杉林等，要求林内空气流通。森林冥想场所选择在安静、位置相对独立且浓荫的林间，林木高大，地面灌木少，以铺设碎石为宜。设置舒服的木质躺椅 |

第三篇
贵州省发展森林康养的优势

贵州省森林覆盖率高、自然资源丰富、生态环境优美，气候适宜，海拔适中，利于居住，具有发展森林康养产业的天然优势。截止 2024 年 5 月，全省现有森林康养基地 78 个（其中 5 个国家森林康养基地），创建全域森林康养示范县 5 个、森林康养人家 300 处、自然教育基地 320 处，全省森林康养产业及自然教育取得了阶段性成效，形成了资源依托型、产业升级型、医养结合型、康养社区型等具有地方特色的森林康养发展典型，推进了"自然教育基地＋中小学校""自然教育基地＋自然保护地""自然教育基地＋研学旅行""自然教育基地＋森林康养"等发展模式，实现自然教育全民化。

一、生态优势

贵州省地处云贵高原，地形复杂多样，喀斯特地貌发育完善，形成了许多奇特的地质景观，如溶洞、石林、峰林等。这些独特的地质景观为森林康养增添了许多自然奇观，使得康养活动更具吸引力。

贵州省的森林覆盖率较高，森林资源丰富，涵盖了各种类型的森林生态系统，包括常绿阔叶林、针叶林和竹林等。截止 2023 年底，全省森林面

积 1109.91 万公顷，森林覆盖率 63%。空气负氧离子丰富。这使得在贵州省可以搭建多样化的森林康养基地，这些不同的生态系统提供了多种康养场所和体验项目。游客可以在不同的生态环境中享受森林浴、徒步旅行、露营等活动，为人们提供全面的休闲康体服务。

贵州省河流众多，水资源丰富，水质优良。清澈的河流和湖泊不仅为森林康养提供了良好的水环境，还可以开展各种水上活动，如划船、垂钓、游泳等，增加了森林康养的多样性和趣味性。市、州中心城市水质达标率为 100%，空气质量指数优良率高于 90%。

贵州省纬度适宜、海拔适中，属亚热带湿润季风气候，全省大部分地区年平均温度在 15℃ 左右，一年中大部分时间是处于凉舒适、舒适、热舒适三个等级。一年四季微风拂面、空气湿度适宜。贵州省省会贵阳市连续十年被评为"中国避暑之都"，六盘水市拥有"中国凉都"的称号。这样的气候条件非常适合发展四季康养旅游，让游客在舒适的环境中进行休闲养生活动。

贵州省的生物多样性非常丰富，拥有众多珍稀动植物。这些丰富的生物资源不仅为科学研究提供了宝贵的资源，也为游客提供了观赏和学习的机会，增强了森林康养的吸引力和教育功能。

贵州省地处云贵高原，地形封闭，远离工业污染区，空气质量普遍较好，负氧离子含量高。这些优良的空气质量有利于呼吸系统健康，促进身心放松和恢复。

二、资源优势

贵州省是"生物王国""百草之乡"，享有"黔地无闲草，夜郎多良药"的美誉，素有"天然药物宝库"之称，是全国重要的动植物种源地和四大中药材主产区之一，全国第四次中药资源普查初步查明，我省有药用植物资源 7317 种，是全国四大药材产区之一。2022 年底，全省中药材种植面积达 796.17 万亩，产量有 297.8 万吨、产值为 280.59 亿元，种植面积居全国第二，是全国主要的中药原料供应基地。贵州温泉地热储量丰富，已普查登记的温泉（地热）类资源单体 203 处，拥有世界三大氡泉、全国著名八大温泉之一的息烽温泉。贵州 17 个世居少数民族蕴含着丰富的民族民间健康养生文化。苗族"药王节"、布依族"六月六"、水族"端节"、瑶族"盘古节"等民族传统节日中都包含着各类健康元素。以温泉保养、疗养为目的的汤治已经有上千年的历史，瑶浴等民族民间方法具有良好的保健疗效。众多自然信仰、禁忌习俗、节庆活动、饮食习惯，都渗透着"天人合一"健康养生理念。

此外，贵州省还有丰富的民族文化和历史资源。各个民族的特色文化和传统医药知识，以及古老的村落和历史建筑，都为森林康养提供了独特的文化底蕴和医养结合的可能性。在贵州省的森林康养基地，游客不仅能够感受大自然的魅力，还可以领略到不同民族的风情和传统养生方式。

贵州省凭借其得天独厚的生态环境和资源优势，正在积极推进森林康养产业的发展，通过完善基础设施、提升服务质量、开发多样化的康养项目，努力将其打造为国内外知名的森林康养目的地，促进生态保护与经济发展的有机结合，实现可持续发展。

三、区位优势

贵州省地处西南内陆，北邻成渝，东南与珠三角相连，西南经云南、广西与中南半岛相通，周边地区人口密集、市场广阔。近年来，综合交通运输体系跨越式发展，水、陆、空三位一体的交通路网结构日益完善，全面进入"高铁时代"，铁路里程和高速铁路里程分别突破达 3000 公里和 700 公里；高速公路里程突破 5000 公里，成为西部第 1 个、全国第 9 个实现县县通高速的省份；通航机场实现 9 个市（州）全覆盖；乌江基本实现全程通航，交通条件大幅改善，特别是国家批复实施建设贵州内陆开放型经济试验区带来重大机遇，人流、物流、信息流、资金流加快集聚，贵州正迅速从过去封闭的内陆洼地向开放的内陆枢纽转变，为发展大健康产业夯实了基础支撑，贵州大健康产业发展的步伐正越来越快。

四、政策优势

自 2016 年以来，贵州省森林康养在省委、省政府的高度重视下，在省直有关部门的大力支持下，通过高位推动、政策引领、制定标准、实施试点、强化基地建设等措施，推动森林康养朝着科学、有序的方向纵深发展。一是省委、省政府高度重视绿色新兴产业的发展，支持森林康养发展连续7年写入贵州省省委、省政府《关于推动绿色发展建设生态文明的意见》（2016 年）、《关于加快发展新经济培育新动能的意见》（2017 年）、《关于深入实施打赢脱贫攻坚战三年行动发起总攻夺取全胜的决定》（2018 年）、《关于深入推进农村产业革命坚决夺取脱贫攻坚战全面胜利的意见》（2019 年）、《关于推动旅游业高质量发展加快旅游产业化建设多彩贵州旅游强省的意见》（2020 年）、《关于全面推进乡村振兴加快农业农村现代化的实施意见》（2021 年）、《关于做好 2022 年全面推进乡村振兴重点工作的实施意见》（2022 年）文件中，明确建立集康复疗养、养生养老、休闲度假于一体的森林康养产业体系，推动森林康养与医疗养老融合发展，制定了《贵州省森林康养发展规划（2021—2025 年）》，提出构建"一核四区多节点"的空间布局，到2025 年，全省将提升建设森林康养基地 70 个，森林康养步道达到 300 公里，预计实现年服务能力 150 万人次以上。这一目标的设定，为产业发展提供了明确的路线图和时间表。在政策的支持下，森林康养产业在资金、产品研发等方面获得了有力的保障。政府通过设立专项资金、提供贷款优惠等方式，鼓励企业加大对森林康养项目的投资和建设。同时，还积极推动产学研合作，加强与高校、科研机构的合作，共同开展森林康养产品的研发和创新。政府还对森林康养基地的建设和管理进行规范和指导，制定了相关的标准和评定体系，确保基地的服务质量和安全。政策的编制与制定为森林康养产业体系建设、基地布局及内容建设、康养产品开发、健康管理中心建立、基地管理与评定等提供了依据，有力地推动了贵州省森林康养产业的蓬勃发展。总之，贵州省在政策方面的大力支持，为森林康养产业的发展创造了良好的环境和条件，使其成为推动经济发展、促进民生改善的重要力量。

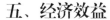

五、经济效益

贵州省在全国率先提出"大生态＋森林康养"林业经济发展新模式，实现了林业发展优化转型，带来了显著经济效益。贵州从政策、技术、特色品牌、项目等多方面制定出台制度规范，逐步构建森林康养产业的标准体系。积极探索各种基地经营模式，形成了山地气候型、山地温泉型、林茶复合型、林药结合型等多种特色康养方式。

据统计，2021 年贵州全省森林康养（试点）基地接待人数共 932.92 万人次，其中住宿 2 天及以上人员共 93.82 万人次，基地综合总收入 177.73 亿元，提供就业岗位数 8747 个，就业农民人均月增收超 2600 元，贵州省通过森林旅游康养全产业链实现产值 1965.72 亿元，占林业总产值的 52.85%，大大带动了周边百姓就业增收，助推了乡村振兴。

综上所述，贵州省凭借其生态优势、资源优势、区位优势和政策优势，在森林康养产业的发展道路上展现出了巨大的潜力和广阔的前景。相信在未来，贵州省的森林康养产业将不断发展壮大，为人们带来更多的健康和福祉。

第四篇
森林康养设施规划设计

森林康养设施规划设计是指在森林景区或自然保护区等森林资源富集地区，基于环境保护与生态建设的原则，结合人们对健康和放松需求，通过规划与设计，实现提供康养服务的设施建设。

一、基础设施

基础设施建设是指在森林康养设施规划设计中，为了确保设施的正常运行和顺利开展康养活动，所需进行的基础设施建设工程。

森林康养设施规划设计中的基础设施建设包括以下几个方面：

1. 交通设施建设

为了便捷游客的到访和森林康养设施的运营，需要规划和建设道路、桥梁、停车场等交通设施。这些设施的合理布局和建设将为游客提供便利的交通条件，同时也要注重对自然环境的保护，避免对森林资源造成不可逆的破坏。

2. 水电设施建设

为了满足森林康养设施的用水和用电需求，需要进行水电设施的规划

和建设。水源的保护和供应要充分考虑，确保水质清洁安全；电力供应系统的建设要满足设施的用电需求，并注重能源的可持续利用。

3. 环境治理设施建设

为了维护森林康养设施及周边环境的整洁和卫生，需要进行环境治理设施的建设。包括垃圾处理设施、污水处理设施等，以确保游客在康养过程中环境舒适和健康。

4. 通信设施建设

为了提供便捷的信息传递和服务，需要规划和建设通信设施，包括宽带网络覆盖、无线信号覆盖等。便于游客随时获取所需信息，并进行线上预订、支付等活动。

二、服务设施

森林康养设施规划设计中的服务设施建设主要包括在森林康养基地基础设施之上，所融入的服务保障体系。旨在为游客提供全面、舒适、便捷的服务环境，促进其身心健康的设施内容。

（一）服务设施建设内容

1. 住宿服务

提供舒适、安全的住宿环境，包括客房、公共卫生间、洗衣房等设施。

2. 餐饮服务

提供多样化的餐饮选择，包括餐厅、咖啡厅、小吃店等，满足不同游客的口味需求。

3. 娱乐服务

提供丰富多样的娱乐活动，如健身房、游泳池、SPA 养护中心等，增加游客的休闲娱乐选择。

4. 医疗服务

建立医疗室或合作医院，提供基本的医疗服务，保障游客的健康安全。

（二）服务设施建设原则

在建设服务设施的过程中，所遵循的设计原则有：

1. 环保性原则

在设施建设中，尽量选用环保材料，注重节能减排，减少对自然环境的损害。

2. 融入性原则

将建筑物与周边环境融为一体，保持自然景观的完整性和纯净性，使游客能够亲近自然并享受自然的美好。

3. 安全性原则

设施的设计必须符合相关的安全标准，保障游客在使用过程中的人身安全和财产安全。

4. 便捷性原则

设施的布局和设计要考虑游客的便利性，提供合理的交通、导览、导购等服务，方便游客的出行和消费。

三、康养设施

森林康养设施规划设计中的康养设施建设是一项旨在营造舒适、健康和有益于身心健康环境的重要任务。康养设施的建设不仅要考虑实用性和美观性，还要充分融入自然环境，满足用户的需求。下面将对森林康养设施建设的相关内容进行详细论述。

首先，在森林康养设施建设中，要充分考虑用户需求和使用体验。康养设施的设计应以提供舒适和放松的环境为出发点，采用符合人体工程学原理的布局和设计。例如，在室内空间的设计中，要注重采光、通风和声学等问题，以提供良好的居住条件。同时，还应结合森林康养的特点，增设观景平台、露天休息区等设施，让用户能够更好地接触大自然，享受森林的美景和清新空气。

其次，在康养设施建设中应注重生态环保。森林是我们宝贵的自然资

源，应保护好生态环境，合理利用资源。在规划设计中，要充分考虑生态保护和可持续发展的原则，避免对森林的破坏和污染。例如，在康养设施建设中应采用环保材料和节能措施，减少对自然资源的消耗，同时也要确保康养设施的建设不会对周围的植被和动物造成不良影响。

再次，康养设施的建设还需要注意安全问题。康养设施通常会接待大量的人员，因此在规划设计过程中，要充分考虑人员流量和安全通道的设置，确保人员的安全和顺畅。同时，要合理规划消防设施和逃生通道，提高应急救援的能力。

最后，康养设施的建设还需要注重可持续发展。康养设施的运营和管理是一个长期的过程，要确保设施的可持续使用和维护。在规划设计中，要考虑设施的功能性和适用性，合理规划设备和设施的布局，并提供相应的维护和管理计划。

总之，森林康养设施规划设计中的康养设施建设是一个综合性的任务，需要充分考虑用户需求、生态环保、安全和可持续发展等多个方面。只有在这些方面都得到合理的考虑和规划，才能建设出舒适、健康和有益于身心健康的康养设施。

四、文化设施

森林康养是指通过人们在自然环境中进行休闲、娱乐和身心修复等活动来增进健康和幸福感的一种方式。在森林康养设施的规划设计中，文化设施建设是一个重要的方面，它能够为游客提供丰富多样的文化体验，促进身心的平衡与健康。

文化设施建设的目的是满足游客对文化领域的需求，提供丰富多样的文化活动和体验。首先，在森林康养设施规划设计中，可以考虑建设展览馆和艺术空间。展览馆可以用于展示当地的文化遗产、自然景观和艺术作品等，让游客在欣赏美景的同时，了解当地的历史和文化。艺术空间可以用于举办各种文艺表演、音乐会、戏剧演出等，为游客提供精神上的享受和文化交流的机会。

　　其次，森林康养设施规划设计中还可以考虑建设图书馆和文化中心。图书馆可以提供各种书籍、杂志和报纸等阅读资源，供游客放松心情、丰富知识。文化中心可以开设各种文化活动和培训课程，如书法、绘画、舞蹈、音乐等，为游客提供学习和体验的机会，激发他们的创造力和艺术天赋。

　　最后，在森林康养设施规划设计中还可以考虑建设传统手工艺坊和农耕体验区。传统手工艺坊可以让游客亲身参与制作传统手工艺品，如陶瓷、漆器、编织品等，感受传统文化的魅力，并了解传统手工艺的技艺和历史。农耕体验区可以让游客参与农耕活动，了解农业文化的重要性，感受大自然的力量。

第五篇
森林养生实践

一、森林运动养生

森林康养基地中的医生、健康处方师或运动处方师可以根据康养人群的体能测试、健康评估为康养人群制定个性化、系统化的运动指导方案。针对个人的身体状况，结合康养环境和运动爱好等个人特点而制订科学、定量化、周期性、有目的的锻炼计划，要选择一定的运动方式，规定适宜的运动量并注明在运动中的注意事项，依托森林环境指导其有计划、有规律。经常性的运动锻炼，达到健身、预防疾病和康复的目的。

（一）运动处方的原理

1. 运动处方的特点

（1）目的性强

运动处方是围绕着运动目标进行的，具有明确的目的性。当康养人群进入康养基地时，根据康养人群的康养目标，进而来制定运动处方，运动处方包括近期目标和远期目标。

（2）执行性强

运动处方的制定，要遵循可接受原则，康养人群自身可以执行，容易接受，并能够坚持的康养运动项目。

（3）科学性强

运动处方的制定一定严格按照运动医学要求进行，康养人群遵守运动处方执行后，能够取得较明显的健身或治病效果。

（4）针对性强

运动处方的制定是个性化的，要根据康养个体的具体情况，因时因地制定及实施，才能够保证运动效果。

2. 运动处方的分类

随着民众越来越关注健身运动领域，运动处方的应用范围也不断扩大，运动处方的种类也在不断增加，常见的分类有：

（1）按照锻炼作用分类

①耐力运动处方：以提高心肺功能为主要目标，以有氧运动为主要运动方案。全身耐力训练最早用来发展运动员的身体耐力素质，后逐渐应用于临床，包括心血管系统、代谢性疾病、长期制动引起心肺功能下降等疾病。有研究表明，耐力训练有利于改善正常人的运动功能水平。

其中提高心肺耐力的运动模式依据运动所需技巧和强度不同而有不同分类，如下表5-1。

表5-1　运动模式分类

运动分组	运动类型	推荐人群	运动举例
A 级	需要最少的技能或体适能的耐力活动	所有成年人	水中有氧运动、步行、休闲自行车、慢舞
B 级	需要最少技能的较大强度耐力运动	有规律锻炼的成年人或至少中等体适能水平者	有氧健身操、慢跑、划船、动感单车、椭圆机锻炼、爬楼梯
C 级	需要技能的耐力运动	有技能的成年人或至少中等体适能水平者	游泳、越野滑雪、滑冰

续表

运动分组	运动类型	推荐人群	运动举例
D级	休闲运动	有规律锻炼计划的成年人或至少中等体适能水平者	高山速降滑雪、网羽运动、篮球、徒步

②力量运动处方：主要作用在于提高肌肉的力量和肌肉的耐力，可用于各种损伤导致的肌肉萎缩或物理以及矫正身体发育畸形。多适用于中青年康养人群。

③柔韧性运动处方：有利于提高机体柔韧性，增强韧带的平衡性和稳定性。规律的柔韧性训练可以缓解肌肉酸痛，预防腰腿疼痛。

（2）按照目的对象分类

①健美运动处方：通过运动来增强身体各部位肌肉和韧带的力量，使肌肉富有弹性，保持健美的体形。

②健身运动处方：又称预防保健性运动处方，以增强体质、增进健康、提高身体素质为目的的方案。

③治疗性运动处方：又称康复运动处方，以提高康复效果为目的的方案。

④竞技性运动处方：又称运动训练计划，以提高运动员的身体素质和运动技术水平的方案。

3. 运动处方的制定原则

科学严谨的运动处方应该遵循人体活动的生理规律，并结合个体的健康状况、体力活动水平、心肺功能状况，以运动目的为指导，以保证安全为前提，确定运动频率、强度、持续时间，为康养者提供合理的指导。在运动处方的设计和制定过程中，需要遵循以下原则。

（1）循序渐进原则：运动是一个循序渐进的过程，特别是对于身体虚弱者和长期静坐少动人群，个体需要较长时间才能逐渐产生生理适应性。因此，在制定运动处方时，应以较低强度运动开始，以缓慢进度逐渐增加运动负荷，最大程度降低心血管疾病的发生率、运动性疲劳和运动损伤。

（2）动态调整原则：运动处方要随着运动者的不断实践逐渐做出调整，以制订合理有效的运动计划。同时，在不同阶段，运动者的身体、心理状态也会有所不同，因此要根据运动者的具体情况做出适度调整，以达到理想的运动效果。

（3）因人而异原则：不同个体对同一运动的反应不同，且同一个体在不同时期和状态下，对同一运动的反应也有所差异。因此，运动处方必须遵循因人而异原则，根据不同运动者在不同时期的特点制订个性化的、适合的运动计划，以保证训练效果。

（4）可行性原则：在制定运动处方时，要考虑运动员的健康状况、体能、日程安排、物理和社会环境、运动者的兴趣爱好和训练目的，选择适合的运动项目。选择客观环境下无法实施的或运动者不感兴趣的项目，可能会导致训练过程中断或运动不完整，影响运动效果。

（5）全面性原则：制定运动处方时，需要维持人体生理和心理之间的平衡。人们希望通过动使身体与精神协调发展，缓解来自多方面的心理压力，提高对现代生活的适应性，以达到身心全面健康的目标。

（6）安全性与有效性原则：为提高机体耐力水平，运动强度必须达到可以改善心血管和肺功能的有效强度，即靶心率范围，靶心率的上限称为安全界限，靶心率的下限称为有效界限，一般情况下，将运动强度设置在安全界限和有效界限之间，可以实现在保证安全的前提下达到最好的运动效果。

4. 运动处方的制定流程

（1）全面了解处方对象的基本情况：在制定运动处方之前，一定要通过口头询问、问卷调查、医学检查、体适能测试等途径，了解处方对象的体质和健康状况。需要了解的内容有基本信息、家族史、疾病史、目前是否有伤病情况和治疗情况、近期身体健康检查结果、体适能测试结果、运动史、近期锻炼情况等。

通过全面了解处方对象的体质和健康状况来确定运动处方的目的，同时进行危险分层，确定处方对象的病史、医学检查等情况，了解有无运动禁忌证，或暂时禁忌运动的情况，便于确定心肺耐力及其他运动功能的测试方案，以及测试和运动中医务监督的力度，以保证在心肺耐力测试和锻炼过程中的安全。

（2）明确运动处方的目的：运动处方的目的不同，将采用不同的运动功能评定方法，按照不同的原则制定运动处方。

①为了预防疾病、增强体质，如确定锻炼的目的是提高心肺耐力、增强肌肉力量、提高柔韧性；②为了减少疾病的危险因素，如减少多余的脂肪、降低血压、血糖或血脂等；③疾病或功能障碍的康复治疗。

（3）运动功能的测试与评定运动功能：测试与评定是制定运动处方的依据。重点检查心肺耐力及相关器官的功能状况。如处方目的为提高心肺耐力，或控制体重、血压、血糖、血脂等，应做心肺耐力测试与评定。处方目的是增强肌肉力量和耐力，需要做肌力的测定。处方目的是提高柔韧性，做关节活动幅度（range of motion，ROM）的测定。以肢体功能障碍康复为目的时，需做临床医学检查、ROM 评定、肌肉力量评定、平衡能力评定、步态分析等。

（4）制定运动处方：功能检查的结果是制定运动处方的依据。制定运动处方时要充分体现个体化特征。除了功能评定结果外，还需考虑处方对象的性别、年龄、健康状况、锻炼基础、客观条件、兴趣爱好等，安排适当的锻炼内容。对于康养人群而言，要根据康养人群的个性化需求，以及在基地的时间长度进行合理设计。也可根据康养人群离开康养基地时的状态，对其回家后的运动给予指导，但是要定期反馈，并予以合理调整。

（5）指导实施运动处方：在按照运动处方进行锻炼之前，应帮助处方对象了解处方中各项指标的含义，对如何实施处方提出要求。第一次按照处方锻炼时，应当在处方者监督指导下进行，让锻炼者通过实践了解如何实施处方；有时需要根据锻炼者的身体情况，对处方进行适当的调整。进行慢性疾病康复锻炼时，最好在专业人员指导下进行，根据锻炼后的反应，及时调整运动处方。

（6）监督运动处方的执行情况并定期调整：通过对运动处方的执行情况进行监督，良好的监管不仅可取得较好的锻炼效果，还可以随着处方对

象功能的提高，及时调整处方，以取得更好的效果。此时需要再次进行功能评定，检查锻炼的效果，调整运动处方，以保证取得更好的锻炼效果。

5. 运动处方的基本内容

根据处方对象的个人情况，明确了处方的目的，完成相应的功能评定之后，进入运动处方的制定。一个完整的运动处方应包括处方对象的基本信息包括姓名、性别、年龄、运动史等基本信息；医学检查及体适能测试结果及评定，在医学检查结果中应明确有无代谢异常及异常程度、有无心血管疾病的症状及体征、有无明确的疾病，以及心肺耐力等级、体重指数、身体柔韧性测试结果等内容；锻炼目标包括耐力处方的目标，比如提高心肺耐力、减脂、降压等，还包括近期和远期目标；处方的基本原则要明确频率、强度、时间、方式、总运动量和进度，才能够达到很好的效果。

同时在整个运动处方的实施过程中要根据处方对象的具体情况，提出锻炼时要注意的事项，比如准备活动，运动中的强度，注意呼吸配合等事宜，尤其帮助康养人群规划好森林康养各运动项目的实施场地。

（二）森林运动的分类

1. 现代体育活动

现代体育运动项目包括体质体能类体育项目，形体健美类体育项目，隔网对抗类体育项目，同场对抗球类体育项目等。

体质体能类项目旨在提高人体的速度、力量、耐力、柔韧等身体素质，以及从事工作、学习、生活和运动的机体能力。代表性的有田径类、游泳、滑雪、自行车等，该类项目是青少年有效提高身体素质和体能的锻炼内容。近些年，许多康养基地在做森林教育、研学类的项目，可以更多地融入体质体能类项目，丰富康养内容。

形体健美类项目旨在锻炼个体的动作协调性和灵活性，代表性的有体操类、瑜伽、花样滑冰、舞蹈类等，长期联系有利于保持优美体态，培养高雅气质，愉悦身心。目前，许多康养基地针对女性康养人群也会定制森林瑜伽类的课程，颇受大众喜爱。

隔网对抗类有助于培养团队协作能力，常见的有网球、排球、羽毛球、乒乓球等。部分康养基地有相应场地设置，对于以团队形式去康养的人群会有所涉及。

同场对抗类体育项目要求参与的人数较多，如篮球、足球、曲棍球等，一般在康养基地开展的较少。

2. 传统运动功法

传统运动养生功法是在中国古代养生学说指导下逐渐积累而形成的，其包括太极拳、五禽戏、八段锦、易筋经等各种练习方法。实践证实，长期坚持练习养生功法，能起到健体固元、平衡阴阳、疏通经络、调和气血、理顺脏腑，从而达到强身健体、怡养心神、防病治病、益寿延年的目的。

随着经济的发展和人们生活水平的提高，人们的养生保健意识增强，传统运动养生以其简单易学、操作方便、收效显著的特点逐渐被重视，并在民众中得到普及和推广，对促进身心健康、继承与发展祖国优秀传统文化具有重要的意义。森林公园，以其环境幽静、空气清新、富含多种保健因子而成为传统运动养生的理想场所。

现将传统运动养生中最常应用的一些项目分述如下：

（1）五禽戏

五禽戏是古代传统导引养生功法的代表之一，历史悠久。是指通过模仿虎、鹿、熊、猿、鸟（鹤）五种动物的动作而编创成的导引功法。模仿动物的功法早在汉代之前就有，如《庄子·刻意》中就有"熊经鸟申，为寿而已矣"的记载。1974年湖南长沙马王堆汉墓出土的四十四幅帛书《导引图》中也有不少模仿动物的姿势，如"龙登""鹞背""熊经"等。东汉时期的华佗将以前的功法进行了系统的总结，并组合成套路，通过口授身传进行传播，故又称华佗五禽戏。五禽戏一开始并没有文字流传，到了南北朝时期，陶弘景在《养性延命录》中用文字记录了下来。随着时间的推移，该功法辗转传授，逐渐形成了各流派的五禽戏，流传至今。该功法通过模仿不同动物的形态动作及气势，结合意念活动，能起到疏经通络，强健脏腑，灵活肢体关节的功用。五禽戏能治病养生，强壮身体。练习时，可以单练一禽之戏，也可选练一两个动作。单练一两个动作时，应增加锻炼的次数。

①功法特点：A.模仿五禽，形神兼备。五禽戏模仿动物的形态动作，以动为主，通过形体动作的导引，引动气机的升降开合。外在动作既要模仿虎之威猛、鹿之安适、熊之沉稳、鸟之轻捷、猿之灵巧，还要求内在的神意兼具"五禽"之神韵，意气相投，内外合一。如"熊运"，外在形体动作为两手在腹部划弧，腰、腹部同步摇晃，以其单纯憨态，意守形气，使丹田内气也随之运转，而使形神兼备。B.活动全面，大小兼顾。五禽戏动作体现了身体躯干的全方位运动，包括前俯、后仰、侧屈、拧转、开合、缩放等不同的姿势，能对颈椎、胸椎、腰椎等部位进行有效的锻炼，并且牵拉了背部督脉及膀胱经，刺激了背部腧穴。同时功法还特别注重手指、脚趾等小关节的运动，通过活动十二经络的末端，以畅通经络气血。C.动静结合，练养相兼。五禽戏虽以动功为主，舒展形体、活动筋骨、畅通经络，但同时在功法的起势和收势，以及每一戏结束后，配以短暂的静功站桩，以诱导练功者进入相对平稳的状态和"五禽"的意境当中，以此来调整气息、宁静心神。

②练功要领：A.动作到位，气息相随。练习五禽戏要根据动作的名称含义，做出与之相适应的动作造型，并尽量使动作到位，合乎规范，努力做到"演虎像虎""学熊像熊"。尤其要注意动作的起落、高低、轻重、缓急，做到动作灵活柔和、连贯流畅。并且注意呼吸和动作的协调配合，遵循起吸落呼，开吸合呼，先吸后呼，蓄吸发呼的原则。B.以理作意，展现神韵。练习五禽戏时，要注意揣摩虎、鹿、熊、猿、鸟的习性和神态。通过以理作意，即意想"五禽"之神态，进入"五禽"的意境之中。如练习虎戏时，意想自己是深山中的猛虎，伸展肢体，抓捕食物，有威猛之气势；练鹿戏时，要意想自己是原野上的梅花鹿，众鹿抵戏，伸足迈步，轻捷舒展；练熊戏时，要意想自己是山林中的黑熊，转腰运腹，步履沉稳，憨态可掬；练猿戏时，要意想自己置身于山野灵猴之中，轻松活泼、机灵敏捷；练鸟戏时，要意想自己是湖边仙鹤，轻盈潇洒，展翅翱翔。

（2）太极拳

太极拳是最具特色的传统运动养生功法之一，是中华传统文化的形体语言，其历史源远流长。太极拳名为太极者，盖取法于《易经》阴阳动静之理，盈虚消长之机。太极拳在整个运动过程中从始至终都贯穿着"阴阳"和"虚实"，其运动作势，圆活如环之无端，循环往复，每个拳式都蕴含"开与合""圆与方""卷与放""虚与实""轻与沉""柔与刚""慢与快"等阴阳变化之道，并在动作中有左右、上下、里外、大小和进退等对立统一、圆活一致的太极之理。

太极拳通过形体导引，将意、气、形结合成一体，使人体精神和悦、经络气血畅通、脏腑机能旺盛，以达到"阴平阳秘"的健康状态。

①功法特点：A.势正招圆，阴阳相济。太极拳的形体动作以圆为本，一招一式均由各种圆弧动作组成。拳路的一招一式又构成了太极图形。并且其势端正，不散漫，不蜷缩，不歪斜。故从其外形上看，太极拳动作圆满舒展，不拘不僵，招招相连，连绵不断，整套动作要一气呵成。B.神注桩中，意随桩动。太极拳的锻炼要求手、眼、身、法、步动作协调。注重心静意动，形神兼备。其拳形为"太极"，拳意亦在"太极"，以太极之动而生阳，静而生阴，激发人体自身的阴阳气血，以意领气，运于周身，如环无端，周而复始。C.呼吸均匀，舒展柔和。太极拳要求呼吸匀、细、长、缓，并以呼吸配合动作，导引气机的开合出入。一般而言，吸气时动作为引、蓄、化、合，呼气时动作为开、发、拿、打。而动作宜平稳舒展，柔和不僵。待拳势动作娴熟后，逐渐过渡到拳势呼吸，即逆腹式呼吸：吸气时横膈肌收缩，下腹部因腹肌收缩而被拉向腰椎，同时上腹部因横膈肌收缩下挤及肋间肌和腹肌上部的放松而隆出，肛门、会阴部微收；呼气时，横膈肌松弛，腹肌上段收缩、下段松弛，下腹部隆出，肛门、会阴部紧缩上顶，待呼气尽再行咽津，并使全身放松。

②练功要领：A.心静神宁，神形相合。太极拳的练习，首先要排除各种思想杂念，保持心神的宁静，将意识贯注到练功活动当中。神为主帅，身为驱使，刻刻留意，一动无有不动，一静无有不静，身动于外，气行于内，以意行气，以气运身，意到气到，周身节节贯穿。B.松静圆润，呼吸自然。太极拳的身法要求全身自然放松，虚灵顶劲，气沉丹田，含胸拔背，沉肩坠肘，裹裆护肫。习练太极拳要求肌肤骨节，处处开张，不先不后，

迎送相当，前后左右，上下四旁，转接灵敏，缓急相济，逐渐达到行气如九曲珠无处不到，运劲如百炼钢无坚不摧。初学者要求呼吸自然，待动作娴熟后逐步采用逆腹式呼吸。C.以腰为轴，全身协调。腰是各种动作的中轴，太极拳要求的立身中正、上下相随、前后相需、左右相顾，上欲动而下随之，下欲动而上领之，中部动而上下应之等都必须以腰部为轴，方能带动全身，上下前后左右协调一致，浑然一体，这是练好太极拳的关键所在。D.步法灵活，虚实分明。练习太极拳要注意动作圆融，步法灵活，运劲如抽丝，蓄劲如张弓，迈步如猫行。运动时要分清虚实，随着重心的转移，两足要交替支撑重心，以保持全身的平衡。

（3）八段锦

八段锦是我国传统的养生功法，据文献记载，北宋期间八段锦就广泛流传于世，明代以后，在许多养生著作中都可见到对关于该功法的记述，如《类修要诀》《遵生八笺》《保生心鉴》《万育仙书》等均收录了这套功法。八段锦的名称是将该功法的八组动作及效应比喻为精美华贵的丝帛、绚丽多彩的锦绣，以显其珍贵，称颂其精练完美的编排和良好的祛病健身作用。八段锦流传甚广，流派较多，有"文八段"（坐式）和"武八段"（立式）之分，由于站姿不同，而有所区别。

八段锦便于群众习练，故流传较广。八段锦功法以脏腑分纲，具有较好调整脏腑机能的功效，清末《新出保身图说·八段锦》将八段锦的功法特点及其功效以歌诀形式总结为："两手托天理三焦，左右开弓似射雕；调理脾胃须单举，五劳七伤往后瞧；摇头摆尾去心火，两手攀足固肾腰；攒拳怒目增气力，背后七颠百病消。"

①功法特点：A.脏腑分纲，经络协调。八段锦依据中医藏象理论及经络理论，以脏腑经络的生理、病理特点来安排导引动作。在八组动作中，每一组既有其明确的侧重点，又注重每组间功能效应呼应协调，从而全面调整脏腑机能及人体的整体生命活动状态。B.神为主宰，形气神合。八段锦通过动作导引，注重以意识对形体的调控，将意识贯注到形体动作之中，使神与形相合；由于意识的调控和形体的导引，促使真气在体内的运行，达到神注形中，气随行动的境界。C.对称和谐，动静相兼。本功法每式动

作及动作之间，表现出对称和谐的特点，形体动作在意识的导引下，轻灵活泼，节节相贯，舒适自然，体现出内实精神，外示安逸，虚实相生、刚柔相济的神韵。

②练功要领：A.松静自然，形息相随。八段锦的锻炼，一方面，要求精神形体放松，心平方能气和，形松意充则气畅达；另一方面，要求形体、呼吸、意念要自然协调。形体自然，动作和于法度；呼吸自然，形息相随，要勿忘勿助，不强吸硬呼；意念自然，要似守非守，绵绵若存，形气神和谐一体。B.动作准确，圆活连贯。八段锦动作安排和谐有序，在锻炼过程中首先要对动作的线路、姿势、虚实、松紧等分辨清楚，做到姿势端正，方法准确。其次，经过一段时间的习练力求动作准确熟练、连贯，动作的虚实变化和姿势的转换衔接，无停顿断续，如行云流水，连绵不断。最后，逐步做到动作、呼吸、意念的有机结合，使意息相随，达到形气神三位一体的境界和状态。

（4）易筋经

易筋经是我国传统的养生保健功法之一，相传为印度达摩和尚所创，宋元以前仅流传于少林寺僧众之中，自明清以来才日益流行于民间，且演变为数个流派。"易"者，变易、改变也；"筋"指筋肉、经筋；"经"指规范、方法。该功法重视姿势、呼吸与意念的锻炼，按人体十二经与任督二脉之运行进行练习，锻炼起来，气脉流注合度，流畅无滞。其功效如明代气功导引专著《赤凤髓》中所说："由易筋而易气，易血，易脉，易肉，易髓，易骨，易发"，即通过形体的牵引伸展、抻筋拔骨来锻炼筋骨、筋膜，调节脏腑经络，由变易身形之筋脉肉骨，进而变易全身气血精髓等，以达到强筋健骨、壮实肌肉、和畅经脉、增强体质、充沛精力、延年益寿的目的。

①功法特点：A.抻筋拔骨，形气并练。古本《易筋经》中记载："筋，人身之经络也，骨节之外，肌肉之内，四肢百骸，无处非筋，无处非络，联络周身，通行血脉，而为精神之外辅……是故练筋必须练膜，练膜必须练气。"因此，易筋经功法从练形入手，以神为主宰，形气并练，通过形体动作的牵引伸展、抻筋拔骨来锻炼筋骨、筋膜，以畅通十二经络与奇经八脉之气机，进而调节脏腑机能。B.疏通夹脊，刺激背俞。本功法有较多的

身体俯仰、侧弯及旋转动作，可通过脊柱的旋转屈伸运动以刺激背部的腧穴，和畅任督脉，调节脏腑机能，达到健身防病、益寿延年目的。C.舒展大方，协调美观。本功法的动作，不论是上肢、下肢还是躯干，其动作的屈伸、外旋内收、扭转身体等都要求舒展大方，上下肢与躯体之间，肢体与肢体之间的左右上下，以及肢体左右的对称协调，彼此相随，密切配合，呈现出动作舒展连贯、柔畅协调的神韵。而且整套动作速度均匀和缓，动作刚柔相济，用力轻盈圆柔，不使蛮力，不僵硬。其目的就是通过"抻筋拔骨"，牵动经筋、经络，进而调节脏腑机能，畅通气血，达到强身健体的目的。

②练功要领：A.神注桩中，形神合一。本功法的习练，要求精神放松，意识平和。通过动作变化引导气的运行，做到神注桩中，意气相随。运用意念时，不刻意意守某一部位，而是要求将意识贯注到动作之中，并注意用意要轻，似有似无，切忌刻意、执着。B.自然呼吸，动息相随。习练本功法时，要注意把握动作和呼吸始终保持柔和协调，不要刻意执着于呼吸的深绵细长。练功呼吸时，要求自然流畅，不喘不滞，这样更有利于身心放松、心气平和。C.虚实相间，刚柔相济。习练本功法时，要注意动作刚与柔、虚与实相协调配合。因为用力过"刚"，会出现拙力、僵力，以至于影响气血的流通和运行；动作过"柔"，则会出现松懈、空乏，不能起到引动气机，抻筋拔骨的作用。

（5）六字诀

六字诀，又称六字气诀，是以呼吸吐纳发音为主要手段的养生功法。关于呼吸吐纳发音的功法，历代文献均有不少论述。《庄子·刻意》篇中说："吹呴呼吸，吐故纳新，熊经鸟申，为寿而已矣。"在西汉时期《王褒传》一书中，也有"呵嘘呼吸如矫松"的记载。最早记录六字诀功法的当属南北朝时期陶弘景的《养性延命录》，嗣后在唐代孙思邈的《备急千金要方》、汪昂的《医方集解》、龚廷贤的《寿世保元》、冷谦的《修龄要指》等古籍中都载有六字诀功法。但明以前的六字诀不配动作，明以后的六字诀有多种动作配合。六字诀流传至今，在功法上已形成了较为稳定的体系，即以中医五行五脏学说为理论基础，明确规范呼吸口型及发音，肢体的动作导引与意念导引遵循中医经络循行规律。六字与脏腑配属为：呬属肺金，吹属肾水，嘘属肝木，呵属心火，呼属脾土，嘻属三焦。

①功法特点：A.以音引气，调节脏腑。六字诀的锻炼通过特定的发音来引动与调整体内气机的升降出入。以"嘘、呵、呼、呬、吹、嘻"六种不同的特殊发音，分别与人体肝、心、脾、肺、肾、三焦六个脏腑相联系，从而达到调整脏腑气机的作用。在六字的发音和口型方面有其相应特殊规范，目的在于通过发音来引动相应脏腑的气机。B.吐纳导引，音息相随。六字诀功法中，每一诀的动作安排、气息的调摄都与相应脏腑的气化特征相一致，如肝之升发、肾之蛰藏等。练习过程中十分注重将发音与调息吐纳及动作导引相配合，使发音、呼吸、动作导引协调一致，相辅相成，浑然一体，共同起到畅通经络气血、调整脏腑机能的作用。C.舒展圆活，动静相兼。六字诀功法其动作舒展大方，柔和协调，圆转灵活，如行云流水，婉转连绵，具有人在气中，气在人中的神韵，表现出安然宁静与和谐之美。并且其吐气发音要求匀细柔长，配合动作中的静立养气，使整套功法表现出动中有静、静中有动，动静结合的韵意。

②练功要领：A.发音准确，体会气息。吐气发音是六字诀独特的练功方法，发音的目的在于引导气机，因此练功时，必须按要求，校准口型，准确发音。初学时，可采用吐气出声发音的方法，校正口型和发音，以免憋气；在练习熟练后，可以逐渐过渡为吐气轻声发音，渐至匀细柔长，并注意细心体会气息的变化。B.注意呼吸，用意轻微。六字诀中的呼吸方法主要是采用逆腹式呼吸。其方法与要领是：鼻吸气时，胸腔慢慢扩张，而腹部随之微微内收，口呼气时则与此相反。这种呼吸方法使横膈膜升降幅度增大，对人体脏腑产生类似按摩的作用，有利于三焦气机的运行。练功时要注意呼吸，但用意微微，做到吐唯细细，纳唯绵绵，有意无意，绵绵若存，这样方能将形意气息合为一体，以使生命活动得到优化。C.动作舒缓，协调配合。六字诀功法以呼吸吐纳为主，同时辅以动作导引。通过动作的导引来协调呼吸吐纳发音引动的气息，以促进脏腑的气化活动。因此，

习练时要注意将动作与呼吸吐纳、吐气发音协调配合，动作做到松、柔、舒、缓，以顺应呼吸吐纳和吐气发音匀细柔长的气机变化。

（6）其他民族传统运动项目

在所有的中华民族传统运动项目中，除了以上提到的一些项目外，还有民族式摔跤、赛马、射箭（弩）、抢花炮等项目，以及极富民族特色的还有跳竹竿、秋千、叼羊、珍珠球、木球、舞龙、舞狮等运动项目。各个项目特点不同，所涉及的运动技术体系和锻炼的内容不尽相同，均可以达到不同程度的锻炼需求，蕴含着丰富的民族文化特色。

民族传统运动项目的性质与作用是多元化的，在人们追求娱乐性、竞技性的同时，又给大家带来了强身健体的功效；既能个体化锻炼，又能集体性习练。正因如此，民族传统项目有着顽强的生命力，深深地扎根在中华大地上不断传承延绵创新。深受百姓喜爱的传统运动锻炼项目，也为人们的身体健康、延年益寿做出重大贡献，值得我们充分的学习、传承、发扬。

综上所述，在森林康养基地同时开展现代体育项目和传统保健体育项目，可以充分利用自然资源，提供多样化的健康服务。现代体育项目能迅速提高身体素质，传统保健体育项目则能长期调养身心，两者结合，互为补充，形成一个全面的健康管理体系。

此外，森林康养基地的优美环境和丰富的自然资源，为这些体育项目的开展提供了良好的场所。清新的空气、丰富的负氧离子和安静的环境，有助于提升运动效果和身心健康。

总之，在森林康养基地开展现代体育项目和传统保健体育项目，有助于全面提升参与者的身体素质、心理健康和生活质量，具有显著的优势和益处。

二、森林膳食养生药膳

森林康养方案设计中药膳是人们非常关注的重点，也是各个森林康养基地可以做出特色的地方，不仅在基地膳食设计中，还包括伴手礼的制作、后期健康管理的指导等。结合药膳养生的作用主要体现在以下几个方面。

首先，药膳养生能够根据人体的不同需求和季节变化，选用适宜的药材和食材进行调配，达到滋补强身、调理气血、促进新陈代谢等效果。在森林康养中，结合药膳的特点，不仅可以提供营养丰富、绿色健康的饮食选择，还能通过药性温和的食材，帮助调节身体功能，增强免疫力。

其次，药膳养生在森林环境中具有更好的生态适应性。森林空气清新、负氧离子丰富，有利于食材的新鲜度和药性的保持，使药膳的疗效更佳。此外，森林中丰富的植物资源也为药膳提供了丰富的原料选择，例如野生草药、山珍野味等，增加了药膳的多样性和可持续性。

最后，药膳养生与森林康养相结合，可以通过烹饪技艺的创新和传承，打造具有地方特色和文化内涵的健康饮食文化。这不仅提升了森林康养的整体体验品质，也为地方经济发展和旅游业增加了新的亮点和吸引力。

综上所述，将药膳养生融入森林康养方案设计中，不仅能够有效提升康养效果和服务质量，还能够推动地方文化的传承与创新，促进森林康养产业的可持续发展和全面升级。

根据药膳的不同功效，现介绍如下，供康养方案设计时参考选用，具体使用时须有专业人员指导。

（一）解表类药膳

凡以解表类药食为主制作而成，具有发汗、解肌、透疹等作用，用以预防或解除外感表证的药膳食品，均属于解表类。主要适用于六淫之邪侵入肌表，症见恶寒发热、头痛、身痛、脉浮等，亦可用于麻疹初起、疮疡初起、浮肿兼见表证者。

1. 辛温解表

（1）生姜粥

【来源】《饮食辨录》

【组成】粳米 50 g，生姜 5 片，连须葱数茎，米醋适量。

【制法与用法】将生姜捣烂，与粳米同煮粥，粥将熟时加入葱、醋，稍煮即成。乘热食，覆被取微汗出。

【功效与应用】解表散寒，温胃止呕。适用于外感风寒之邪引起的头痛身痛、无汗呕逆等症。

【使用注意】本品为辛温之剂，素有阴虚内热及热盛之证者忌用；外感表证属风热者忌用。

（2）防风粥

【来源】《千金月令》

【组成】防风 10 ～ 15 g，葱白 2 根，粳米 100 g。

【制法与用法】先将防风、葱白煎煮取汁，去渣；粳米按常法煮粥，待粥将熟时加入药汁，煮成稀粥服食。每日早、晚食用。

【功效与应用】祛风解表，散寒止痛。适用于外感风寒所致发热、畏冷、恶风、自汗、头疼、身痛等症。

【使用注意】本品为辛温之剂，素有阴虚内热及热盛之证者忌用；外感表证属风热者忌用。

（3）五神汤

【来源】《惠直堂经验方》

【组成】荆芥、苏叶各 10 g，茶叶 6 g，生姜 10 g，红糖 30 g。

【制法与用法】红糖加水适量，烧沸，使红糖溶解。荆芥、苏叶、茶叶、生姜另起锅加水文火煎沸，倒入红糖溶解搅匀即成。趁热饮。

【功效与应用】发汗解表。适用于风寒感冒见恶寒、身痛、无汗。

【使用注意】阴虚内热及表虚自汗者忌用；外感表证属风热者忌用。

2. 辛凉解表

（1）银花茶

【来源】《疾病的食疗与验方》

【组成】银花 20 g，茶叶 6 g，白糖 50 g。

【制法与用法】水煎服。每天 1 次。连服 2 ～ 3 天。

【功效与应用】辛凉解表。适用于风热感冒见发热、微恶风寒、咽干口渴等症。

【使用注意】素体阳虚或脾虚便溏者忌用。

（2）桑菊薄竹饮

【来源】《广东凉茶验方》

【组成】桑叶、菊花各 5 g，苦竹叶、白茅根各 30 g，薄荷 3 g。

【制法与用法】将洗净的桑叶、菊花、苦竹叶、白茅根、薄荷放入茶壶内，用沸水冲泡温浸 10 min 即可。频饮，亦可放冷后作饮料饮用。

【功效与应用】辛凉解表。适用于风热感冒见身热不甚、微恶风寒、咽下口渴、咳嗽等。

【使用注意】素体阳虚或脾虚便溏者忌用。

3. 扶正解表

（1）薄荷茶

【来源】《普济方》

【组成】薄荷叶 30 片，生姜 2 片，人参 5 g，生石膏 30 g，麻黄 2 g。

【制法与用法】上药共为粗末，水煎，滤汁。分数次代茶温饮。

【功效与应用】益气解表，疏风清热。主治体虚或年老者风热感冒，症见发热头痛、咽喉肿痛、咳嗽不爽等。

【使用注意】脾胃虚寒及外感无虚者勿用。

（2）淡豉葱白煲豆腐

【来源】《饮食疗法》

【组成】淡豆豉 12 g，葱白 15 g，豆腐 200 g。

【制法与用法】豆腐加水 5 碗，略煎，加入豆豉，煎取大半碗，再入葱白，滚开即出锅。趁热服食，服后盖被取微汗。

【功效与应用】益气健脾，疏散表邪。主治年老体虚者之风寒感冒或风温初起，症见头痛身楚、恶寒微热、咳嗽咽痛、鼻塞流涕等。

（3）生津茶

【来源】《慈禧光绪医方选议》

【组成】青果 5 个（研），金石斛 6 g，甘菊 6 g，荸荠（去皮）5 个，麦冬 9 g，解芦根 2 支（切碎），桑叶 9 g，竹茹 6 g，鲜藕 10 片，黄梨（去皮）2 个。

【制法与用法】上 10 味水煎取汁，代茶频饮，每日 1 剂。

【功效与应用】解表清热，生津止渴。主治素体肺胃阴虚，复微受风热

外邪之证，见身有微热、头痛鼻塞、口干咽燥、燥咳不爽、手足心热、不思饮食等。

【使用注意】外感重证或阴伤不著者不宜，以免留邪。

（二）清热类药膳

凡以清热类药物和食物为主组成，具有清热祛火、凉血解毒等作用，用于治疗里热证的药膳称为清热类药膳。本类药膳适应于各种里热证。

1. 清气凉营

（1）石膏粳米汤

【来源】《医学衷中参西录》

【组成】生石膏 60 g，粳米 60 g。

【制法与用法】上 2 味，加水煎煮，至米熟烂，去渣取汁，趁热顿服。1 日 1～2 剂。

【功效与应用】清热泻火，除烦止渴。适用于外感寒邪入里化热，或温热病邪在气分所致壮热头痛、面赤心烦、汗出口渴、脉洪大有力等症。

【使用注意】上述方适用于里热证，故表证未解、里证未成者忌用。气虚发热者禁用此方。

（2）竹叶粥

【来源】《老老恒言》

【组成】生石膏 45 g，鲜竹叶 10 g，粳米 100 g，白砂糖 5 g。

【制法与用法】竹叶洗净，同生石膏一起加水煎煮，去渣取汁，放入粳米，煮成稀粥，调入白糖即成。每日分 2～3 次食用，病愈即止。

【功效与应用】清热泻火，清心利尿。适用于温热病见发热口渴、心烦尿赤、口舌生疮等症。

【使用注意】凡脾胃虚寒或阴虚发热者不宜使用本方。

（3）五汁饮

【来源】《温病条辨》

【组成】生梨 200 g，荸荠 500 g，鲜苇根 100 g（干品减半），鲜麦冬 50 g（干品减半），藕 500 g。

【制法与用法】梨去皮、核，荸荠去皮，苇根洗净，麦冬切碎，藕去皮、节，然后以洁净纱布绞取汁液和匀。一般宜凉饮，不甚喜凉者可隔水炖温服。如无鲜苇根、鲜麦冬，亦可选用干品另煎和服。

【功效与应用】清热润燥，养阴生津。适用于温病邪伤津液所致身热不甚、口中燥渴、干咳不已等症。

【使用注意】本方略有滑肠的不良反应，故脾虚便溏患者应慎用。

2. 清热祛暑

（1）二根西瓜盅

【来源】《中国食疗学·养生食疗菜谱》

【组成】西瓜1个（2500 g），芦根50 g，白茅根50 g，雪梨50 g，糖荸荠50 g，鲜荔枝50 g，山楂糕条50 g，糖莲子50 g，罐头银耳100 g，石斛25 g，竹茹25 g，白糖400 g。

【制法与用法】芦根、白茅根、石斛、竹茹洗净，加水煎取药汁250 mL。西瓜洗净，在其纵向1/6处横切作盖，将盅口上下刻成锯齿形，挖出瓜瓤。雪梨切成小片，荸荠与山楂糕条切成拇指盖大小的块状，荔枝去核切成小块，莲子对剖成瓣。铝锅或不锈钢锅洗净，倒入药汁，加入白糖，用小火化开，下雪梨片、荸荠丁、荔枝块、莲子瓣煮开，再加入山楂丁即可起锅。瓜瓤去籽，与果料药汁汤羹、银耳一并装入西瓜盅内，加盖放冰箱冷藏1～2 h后上桌。佐餐食用。

【功效与应用】清热解暑，生津止渴，开胃和中。适用于暑热病见高热烦渴、咳嗽咽干、气逆呕哕等证。

【使用注意】脾胃虚寒、素体阳虚寒湿偏盛者禁用。

（2）清络饮

【来源】《温病条辨》

【组成】西瓜翠衣6 g，鲜扁豆花6 g，鲜银花6 g，丝瓜皮6 g，鲜荷叶边6 g，鲜竹叶心6 g。

【制法与用法】以水煎汁，频频饮服。每日1～2剂。

【功效与应用】祛暑清热。适用于暑温证见身热口渴、头目不清等症。

（3）新加香薷饮

【来源】《温病条辨》

【组成】香薷 6 g，鲜扁豆花 10 g，厚朴 6 g，银花 10 g，连翘 10 g。

【制法与用法】水煎取汁，代茶饮服。

【功效与应用】祛暑解表，清热化湿。适用于夏月感冒，症见发热头痛、恶寒无汗、口渴心烦、胸闷脘痞、苔腻、脉浮而数。

3. 清热解毒

（1）银翘二根饮

【来源】《江西草药》

【组成】银花 10 g，连翘 10 g，板蓝根 10 g，芦根 10 g，甘草 10 g。

【制法与用法】水煎代茶饮，1 天 1 剂。连服 3～5 天。

【功效与应用】清热解毒。适用于流行性感冒、流行性乙型脑炎、流行性脑膜炎等病症的预防。

【使用注意】本方性质寒凉，非实热之证禁止使用。

（2）蒲金酒

【来源】《药酒验方选》

【组成】蒲公英 15 g，金银花 15 g，黄酒 600 mL。

【制法与用法】上药以黄酒 600 mL 煎至一半，去渣取汁，分 2 份早、晚饭后各 1 次温饮，药渣外敷患处。

【功效与应用】清热、解毒、消肿。适用于乳痈红肿热痛、扪之坚实等症。

（3）鱼腥草饮

【来源】《本草经疏》

【组成】鱼腥草 250～1000 g（或干品 30～60 g）。

【制法与用法】鲜鱼腥草捣汁饮服。或干品冷水浸泡 2 小时后，煎煮一沸，去渣取汁，频频饮服。

【功效与应用】清热解毒，消痈排脓，利水通淋。适用于肺痈咳嗽吐痰及痢疾、淋证等。

【使用注意】鱼腥草含挥发性成分，故不宜久煎。

（4）马齿苋绿豆粥

【来源】《饮食疗法》

【组成】鲜马齿苋 120 g，绿豆 60 g。

【制法与应用】上 2 味同煮成粥，分 2 次食用。

【功效与用法】清热解毒，凉血止痢。主治痢疾。

4. 清脏腑热

（1）灯心竹叶汤

【来源】经验方。

【组成】灯心草 15 g，竹叶 10 g。

【制法与用法】水煎取汁，代茶饮用。

【功效与应用】清心除烦。适用于小儿夜啼、成人心烦等症。

（2）平肝清热茶

【来源】《慈禧光绪医方选议》

【组成】龙胆草 8 g，醋柴胡 8 g，甘菊花 3 g，生地黄 3 g，川芎 8 g。

【制法与用法】上药共为粗末，加水煎汁，或以沸水冲泡，代茶饮用。
1 日 1～2 剂。

【功效与应用】平肝清热。适用于目赤肿痛，或耳痛耳胀，甚至脓耳等症。

（3）竹茹饮

【来源】《圣济总录》

【组成】竹茹 30 g，乌梅 6 g，甘草 3 g。

【制法与用法】水煎取汁，代茶频饮。

【功效与应用】清胃止呕，生津止渴。适用于胃热呕吐、暑热烦渴等。

（4）青头鸭羹

【来源】《太平圣惠方》

【组成】青头鸭 1 只，萝卜 250 g，冬瓜 250 g，葱、食盐适量。

【制法与用法】鸭洗净，去肠杂，萝卜、冬瓜切片，葱切细。先在砂锅

内盛水适量煮鸭,煮至半熟再放入萝卜、冬瓜,鸭熟后加葱丝、盐少许调味。空腹食肉饮汤或作佐餐之用。

【功效与应用】清热,利湿,通淋。适用于小便涩少疼痛等症。

【使用注意】本方寒凉,凡脾胃虚寒腹痛腹泻或虚寒痛经、月经不调者禁用。

5.清退虚热

（1）枸杞叶粥

【来源】《太平圣惠方》

【组成】鲜枸杞叶250 g（干品减半）,淡豆豉60 g,粳米250 g。

【制法与用法】先用水煎豆豉,去渣取汁,再用豉汁煮米粥,候熟,下枸杞叶,煮熟,以植物油、葱、盐等调味即成。候温食用,1日2次。

【功效与应用】清退虚热,除烦止渴。适用于虚劳发热、心烦口渴等。

（2）地骨皮饮

【来源】《千金要方》

【组成】地骨皮15 g,麦门冬6 g,小麦6 g。

【制法与用法】上3味加水煎煮,至麦熟为度,去渣取汁,代茶频饮。

【功效与应用】养阴、清热、止汗。适用于阴虚潮热、盗汗等。

（3）白薇饮

【来源】《常用中草药》

【组成】白薇10 g,荸荠花果10 g（或荸荠10 g）,地骨皮12 g。

【制法与用法】水煎取汁,代茶频饮。

【功效与应用】杀痨虫,清虚热。适用于肺痨潮热盗汗、咳嗽或咯血等。

（4）双母蒸甲鱼

【来源】《妇人良方》

【组成】甲鱼1只（500～600 g）,川贝母6 g,知母6 g,杏仁6 g,前胡6 g,银柴胡6 g,葱、姜、花椒、盐、白糖、黄酒、味精适量。

【制法与用法】甲鱼宰杀,放尽血水,剥去甲壳,去除内脏,切去脚爪,洗净后切成大块。药材洗净,切成薄片,放入纱布袋内,扎紧袋口。然后把甲鱼块与药袋一起放入蒸碗内,加水适量,再加葱、姜、花椒、盐、白糖、黄酒等调料后入蒸笼内蒸 1 小时，取出加味精调味后即可。分次食用。

【功效与应用】养阴清热，润肺止渴。适用于低热不退、骨蒸潮热、咳嗽咯痰等症。

（三）泻下类药膳

泻下类药膳是由能润滑大肠、促使排便的药物和食物组成，具有通利大便、排除积滞作用的药膳。适用于便秘、积滞、水饮及实热内结之证，可作为主要治疗手段，亦可作为辅助疗法。

（1）麻子苏子粥

【来源】《普济本事方》

【组成】紫苏子、大麻子各 15 g，粳米 50 g。

【制法与用法】将苏子、麻子净洗，研为极细末，加水再研，取汁，用药汁煮粥啜之。

【功效与应用】理气养胃，润肠通便。适用于妇人产后郁冒多汗，大便秘结，以及老人、体虚患者大便秘结。

【使用注意】方中大麻子虽为甘平之品，但服用不可过量。

（2）郁李仁粥

【来源】《医方类聚》引《食医心鉴》

【组成】郁李仁 30 g，粳米 100 g。

【制法与用法】将郁李仁研末，加水浸泡淘洗，滤取汁，加入粳米煮粥，空腹食用。

【功效与应用】润肠通便，利水消肿。适用于大便不通，小便不利，腹部胀满，兼有面目浮肿者。

【使用注意】《本草经疏》谓郁李仁"下后多令人津液亏耗，燥结愈甚，乃治标救急之药"。可知郁李仁有伤阴之弊，不宜久服。如内服过量可发生中毒。孕妇慎用。

（3）蜂蜜决明茶

【来源】《食物本草》

【组成】生决明子 10 ～ 30 g，蜂蜜适量。

【制法与用法】将决明子捣碎，加水 200 ～ 300 mL，煎煮 5 min，冲入蜂蜜，搅匀后当茶饮用。

【功效与应用】润肠通便。适用于习惯性便秘。

【使用注意】决明子通便，宜生用、打碎入药，煎煮时间不宜过久，否则有效成分破坏，作用降低。因其所含蒽甙有缓泻作用，大剂量可致泻，故应注意用量。

（4）升麻芝麻炖猪大肠

【来源】《家庭食疗手册》

【组成】黑芝麻 100 g，升麻 15 g，猪大肠一段（30 cm 长），调料适量。

【制法与用法】将升麻、黑芝麻装入洗净之猪大肠内，两头扎紧，放入砂锅内，加葱、姜、盐、黄酒、清水适量，文火炖 3 h，至猪大肠熟透，取出晾凉，切片装盘。佐餐食用。

【功效与应用】升提中气，补虚润肠。适用于年老津枯，病后肠津米复而见有大便干燥难解者，或肠虚便秘，兼有脱肛、子宫脱垂等症。

【使用注意】芝麻、大肠含脂肪成分较多，故脾虚便溏者不宜服用本膳。

（四）温里祛寒类药膳

凡以温热药、食为主组成，具有温里散寒作用，能治疗里寒证的药膳，谓之温里祛寒类药膳。此类药膳一般具有温中助阳、散寒止痛、辛温通络等功效，能破阴凝散寒邪，补阳气之不足，温痼冷以通阳运。根据里寒所伤之处的不同，本类药膳又分为温中祛寒、温经散寒二类。

1.温中祛寒

（1）干姜粥

【来源】《寿世青编》

【组成】干姜 1 ～ 3 g，高良姜 3 ～ 5 g，粳米 50 ～ 100 g。

【制法与用法】将干姜、高良姜洗净切片，粳米淘净。用水适量，先煮姜片，去渣取汁再入粳米于药汁中，文火煮烂成粥。调味后早、晚乘温热服，随量食用，尤以秋冬季节服用为佳。

【功效与应用】温中和胃，祛寒止痛。适用于脾胃虚寒，脘腹冷痛，呕吐呃逆，泛吐清水，肠鸣腹泻等症。

【使用注意】本方温热性质较强，久病脾胃虚寒之人，宜先从小剂量开始，逐渐增加。凡急性热性病及久病阴虚内热者，不宜食用。

（2）吴茱萸粥

【来源】《食鉴本草》

【组成】吴茱萸 2 g，粳米 50 g，生姜 2 片，葱白 2 茎。

【制法与用法】将吴茱萸碾为细末。粳米洗净先煮粥，待米熟后再下吴茱萸末及生姜、葱白，文火煮至沸腾，数滚后米花粥稠，停火盖紧焖 5 min 后调味即成。早、晚乘温热服，随餐食用，一般以 3～5 天为 1 个疗程。

【功效与应用】温脾暖胃，温肝散寒，止痛止呕。适用于脘腹冷痛，呕逆吞酸，中寒吐泻，头痛，疝气痛等症。

（3）良姜炖鸡块

【来源】《饮膳正要》

【组成】高良姜 6 g，草果 6 g，陈皮 3 g，胡椒 3 g，公鸡 1 只（约 800 g），葱、食盐等调料适量。

【制法与用法】诸药洗净装入纱布袋内，扎口。将公鸡宰杀去毛及内脏，洗净切块，剁去头爪，与药袋一起放入砂锅内，加水适量，武火煮沸，撇去污沫，加入食盐、葱等调料，文火炖 2 h，最后将药袋拣出装盆即成。每周 2～3 次，随量饮汤食肉。

【功效与应用】温中散寒、益气补虚。适用于脾胃虚寒，脘腹冷气窜痛，呕吐泄泻，反胃食少，体虚瘦弱等证；亦可用于风寒湿痹、寒疝疼痛、宫寒不孕、虚寒痛经等证。

【使用注意】本方专为脾胃虚寒，寒湿在中而设，汤味微辣香浓，肠胃湿热泄泻、外感发热、阴虚火旺者不可服食。

（4）砂仁肚条

【来源】《大众药膳》

【组成】砂仁 10 g，猪肚 1000 g，花椒末 2 g，胡椒末 2 g，葱、姜、食盐、味精、猪油等调料适量。

【制法与用法】猪肚洗净，入沸水汆透捞出，刮去内膜；锅内加骨头汤、

葱、姜、花椒各适量，放入猪肚，煮沸后以文火煮至猪肚熟，撇去血泡浮沫，捞出猪肚晾凉切片。再以原汤500 g煮沸后，放肚片、砂仁、花椒末、胡椒末，及食盐、猪油、味精等各适量调味，沸后用湿淀粉勾芡即成。早晚佐餐食用。

【功效与应用】补益脾胃，理气和中。适用于脾胃虚弱，食欲不振，食少腹胀，体虚瘦弱及妊娠恶阻等，亦可用于虚劳冷泻、宿食不消、腹中虚痛等症。

【使用注意】砂仁所含芳香挥发油，容易挥发，故不宜久煮。凡阴虚血燥，火热内炽者不宜食用。

（5）六味牛肉脯

【来源】《饮膳正要》

【组成】牛肉2500 g，胡椒15 g，荜茇15 g，陈皮6 g，草果6 g，砂仁6 g，高良姜6 g，姜汁100 mL，葱汁20 mL，食盐100 g。

【制法与用法】选黄牛腿云花肉，洗净切成小条；将胡椒、荜茇、陈皮、草果、砂仁、高良姜6味药研末，加入姜汁、葱汁、食盐与牛肉相合拌匀，放入坛内，封口，腌制两日后取出，再放入烤炉中焙干烤熟为脯，随意食之。

【功效与应用】健脾补虚，温中止痛。适用于脾胃虚弱，中焦寒盛所致的胃脘冷痛，呕吐溏泄，腹胀痞满，食少纳呆，消化不良，下利完谷，且伴有畏寒肢冷等症者。

【使用注意】本方为辛香温热之品，实热证、阴虚证不可食用，以防助热劫阴。

（6）丁香鸭

【来源】《大众药膳》

【组成】丁香5 g，肉桂5 g，草豆蔻各5 g，鸭子1只（约1000 g），葱、姜、食盐、卤汁、冰糖、麻油等调料适量。

【制法与用法】将鸭宰杀后去毛和内脏，洗净；丁香、肉桂、草豆蔻用水煎两次，每次煮20 min，共取汁3000 mL。将药汁、净鸭与葱、姜同放锅中，武火烧沸后转用文火煮至六成熟时捞出晾凉。再将鸭子放入卤汁锅内，用文火煮肉熟后捞出。该锅内留卤汁加冰糖，文火烧至糖化，放入鸭子，将鸭子一面滚动，一面用勺浇卤汁至鸭色呈红亮时捞出，再均匀地涂上麻油即成。切块早晚佐餐食用。

【功效与应用】温中和胃，暖肾助阳。适用于脾胃虚寒所致的胃脘冷痛，反胃呕吐，呃逆嗳气，食少腹泻及肾阳虚之阳痿、遗精、下半身冷等。

【使用注意】本方丁香、肉桂等药辛香温阳，力偏温补，作用较强，用量不宜过大。凡阴虚火旺、急性热病者不宜食用。

2.温经散寒

（1）艾叶生姜煮蛋

【来源】《饮食疗法》

【组成】艾叶 10 g，老生姜 15 g，鸡蛋 2 个，红糖适量。

【制法与用法】老生姜用湿过水的草纸包裹 3 层，把水挤干，放入热炭灰中煨 10 min，取出洗净切片备用。将艾叶、鸡蛋洗净，与姜片一同放入锅内，加清水适量，文火煮至蛋熟后，去壳取蛋，再放入药汁内煮 10 min，加入红糖溶化，饮汁吃蛋。

【功效与应用】温经通脉，散寒止痛，暖宫调经。适用于下焦虚寒所致的腹中冷痛，月经失调，血崩漏下，行经腹痛，胎漏下血，带下清稀，宫寒不孕等。

【使用注意】本方艾叶辛香而苦，性质温燥，用量不宜过大。凡属阴虚血热，或湿热内蕴者不宜食用。

（2）当归生姜羊肉汤

【来源】《伤寒论》

【组成】当归 20 g，生姜 12 g，羊肉 300 g，胡椒粉 2 g，花椒粉 2 g，食盐适量。

【制法与用法】羊肉去骨，剔去筋膜，入沸水锅内焯去血水，捞出晾凉，切成 5 cm 长、2 cm 宽、1 cm 厚的条；砂锅内加适量清水，下入羊肉，放当归、生姜，武火烧沸，去浮沫，文火炖一个半小时，至羊肉熟烂，加胡椒粉、花椒粉、食盐调味即成。每周 2～3 次，饮汤食肉。

【功效与应用】温阳散寒，养血补虚，通经止痛。适用于寒凝气滞引起

的脘腹冷痛，寒疝腹中痛，产后腹痛，虚劳不足及形寒畏冷阳虚等。

【使用注意】本方为温补散寒之剂，凡阳热证、阴虚证、湿热证等不宜服用。

（3）桂浆粥

【来源】《粥谱》

【组成】肉桂3g，粳米50g，红糖适量。

【制法与用法】先将肉桂煎取浓汁去渣，再用粳米煮粥，待粥煮沸后，调入肉桂汁及红糖，同煮为粥。或用肉桂末1～2g，调入粥内同煮服食。一般以3～5天为1个疗程，早晚温热服食。

【功效与应用】补肾阳，暖脾胃，散寒止痛。适用于肾阳不足而致的畏寒肢冷，腰膝酸软，小便频数清长，男子阳痿，女子宫寒不孕；或脾阳不振而致的脘腹冷痛，饮食减少，大便稀薄，呕吐，肠鸣腹胀；以及寒湿腰痛，风寒湿痹，妇人虚寒性痛经等证。

（4）姜附烧狗肉

【来源】《大众药膳》

【组成】生姜150g，熟附片30g，狗肉1000g，大蒜、菜油、盐、葱各少许。

【制法与用法】将狗肉洗净，切成小块，生姜煨熟切片备用。熟附片先置锅中，水煎2h，然后将狗肉、煨姜，及大蒜、菜油、葱等放入，加入清水适量，烧至狗肉熟烂即成。可佐餐食用，每周1～2次。

【功效与应用】温肾壮阳，散寒止痛。适用于肾阳不足所引起的阳痿不举，夜尿频多，头晕耳鸣，精神萎靡，畏寒肢冷，腰膝酸软，女子宫寒不孕等。

【使用注意】本膳为温补之剂，素体阴虚火旺、热病后期者以及感冒患者不宜食用，以免燥热伤津。

（五）祛风湿类药膳

凡以祛风湿药、食为主组成，具有祛除风湿，解除痹痛作用，用以治疗风湿痹证的药膳食品，称为祛风湿类药膳方。

（1）五加皮酒

【来源】《本草纲目》

【组成】五加皮60g，糯米1000g，甜酒曲适量（一方加当归、牛膝、地榆）。

【制法与用法】将五加皮洗净，刮去骨，煎取浓汁，再以药汁、米、曲酿酒。酌量饮之。

【功效与应用】祛风湿，补肝肾，除痹痛。适用于风湿痹证，腰膝酸痛；或肝肾不足，筋骨痿软。

【使用注意】方中所用五加皮，宜用五加科植物细柱五加或无梗五加的根皮，即中药南五加；不宜选用北五加，虽能祛风湿，止痹痛，但无补益作用，且有毒性，过量或久服，易引起中毒。本酒性偏温燥，凡湿热痹证或阴虚火旺者不宜多饮或久服。

（2）白花蛇酒

【来源】《本草纲目》

【组成】白花蛇1条，羌活60g，当归身60g，天麻60g，秦艽60g，五加皮60g，防风30g，糯米酒4000mL。

【制法与用法】白花蛇以酒洗、润透，去骨刺，取肉；各药切碎，以绢袋盛之，放入酒坛内，安酒坛于大锅内，水煮1日，取起埋阴地7日后取出。每饮1～2杯（30～60mL），仍以渣晒干研末，酒糯为丸，如梧桐子大，每服50丸（9g），用煮酒送下。

【功效与应用】祛风胜湿，通络止痛，强筋壮骨。适用于风湿顽痹，骨节疼痛，筋脉拘挛；或中风半身不遂，口眼歪斜，肢体麻木，及年久疥癣，恶疮，风癞诸证。

【使用注意】治疗期间，"切忌见风、犯欲，及鱼、羊、鹅、面发风之物。"

（3）威灵仙酒

【来源】《中药大辞典》

【组成】威灵仙500g，白酒1500mL。

【制法与用法】威灵仙切碎，加入白酒，锅内隔水炖半小时，过滤后备

用。每次 10～20 mL，日 3～4 次。

【功效与应用】祛风除湿，通络止痛。适用于风寒湿痹，肢节疼痛，关节拘挛。

（4）雪凤鹿筋汤

【来源】《中国药膳学》

【组成】干鹿筋 200 g，雪莲花 3 g，蘑菇片 50 g，鸡脚 200 g，火腿 25 g，味精 5 g，绍酒 10 g，生姜、葱白、精盐各适量。

【制法与用法】洗净干鹿筋，以开水浸泡，水冷则更换，反复多次，约 2 天，待干鹿筋发胀后剔去筋膜，切成条块待用。蘑菇洗净切片。雪莲花淘净泥渣，用纱布袋松装。鸡脚开水烫过，去黄衣，剁去爪尖，拆去大骨洗净待用。生姜切片，葱白切节。锅置火上，鹿筋条下入锅中，加入姜、葱、绍酒及适量清水，将鹿筋煨透，去姜、葱，鹿筋条放入瓷缸内，再放入鸡脚、雪莲花包，上面再放火腿片、蘑菇片，加入顶汤、绍酒、生姜、葱白，上笼蒸至鹿筋熟软（约 2 小时）后取出。出原汤，汤中加入味精、精盐，搅拌匀后倒入瓷缸内，再蒸半小时，取出即成。

【功效与应用】补肝肾，强筋骨，逐寒湿，止痹痛。适用于肝肾不足的风湿关节疼痛、腰膝酸软、体倦乏力等症。

【使用注意】本方适用于肝肾不足，寒湿痹痛者，若湿热痹痛偏于里热实证者不宜使用。方中雪莲花用量不宜过大，孕妇忌用，天山雪莲花有毒，使用时尤须注意。

（六）利水祛湿类药膳

凡由利水、通林、渗湿、祛湿类药食组方，具有祛除体内水湿作用的膳方，称利水祛湿药膳。

1. 渗湿利水

（1）薏苡仁粥

【来源】《本草纲目》

【组成】薏苡仁 60 g，粳米 60 g，盐 5 g，味精 2 g，香油 3 g。

【制法与用法】将薏苡仁洗净捣碎，粳米淘洗，同入煲内，加水适量，共煮为粥。粥熟后调入盐、味精、香油，温热食之，日服 2 次。

【功效与应用】健脾补中，渗湿消肿。适用于水肿，小便不利；脾虚泄泻；湿痹筋脉挛急，四肢屈伸不利；肺痈吐脓痰及扁平疣等。

【使用注意】本粥为清补健胃之品，功力较缓，食用时间需长，方可奏效。大便秘结及孕妇慎用。

（2）冬瓜粥

【来源】《粥谱》

【组成】冬瓜 100 g，粳米 100 g，味精、盐、香油、嫩姜丝、葱适量。

【制法与用法】冬瓜洗净毛灰后，削下冬瓜皮（勿丢），把剩下的切成块。粳米洗净放入锅内，加入水适量煮粥。米粥半熟时，将冬瓜、冬瓜皮放入锅，再加适量水，继续煮至瓜熟米烂汤稠为度，捞出冬瓜皮不食，调好味精、盐、香油、姜、葱，随意食服。

【功效与应用】利尿消肿，清热止渴。适用于水肿胀满，脚气浮肿，小便不利（包括慢性肾炎水肿、肝硬化腹水等），并可用于痰热喘嗽；暑热烦闷，消渴引饮；痈肿、痔漏、肥胖症等。

【使用注意】冬瓜以老熟（挂霜）者为佳。在煮粥时不宜放盐，不然会影响其利水消肿的效果。食用时可调盐适量。水肿患者宜较长时间服食。

（3）车前叶粥

【来源】《圣济总录》

【组成】鲜车前叶 30 g，葱白 15 g，淡豆豉 12 g，粳米 50 g，盐、味精、香油、姜木、陈醋各适量。

【制法与用法】车前草及葱白切碎与淡豆豉同入煲中，加入水 500 mL，煎煮 30 min 后倒出药液并用 2 层纱布滤过、药渣弃去。粳米洗净放入锅中，加入车前草药液及适量水，先武火烧沸，再改用文火慢慢熬煮。粥成后，调入盐、味精、香油、姜末、陈醋，即可食用。

【功效与应用】清热利尿，通淋泄浊。适用于热淋，小便不利，尿色黄赤浑浊，咳嗽痰多、痰黄，小便不利；暑湿泄泻，症见腹痛水泻，小便短少等。

【使用注意】车前属"甘滑通利"之品，患有遗精、遗尿者不宜服。本

粥宜空腹食之。

（4）赤小豆鲤鱼汤

【来源】《外台秘要》

【组成】赤小豆 100 g，鲤鱼 1 条（250 g 左右），生姜 1 片，盐、味精、料酒、食油适量。

【制法与用法】将赤小豆洗净，加水浸泡半小时；生姜洗净；鲤鱼留鳞去腮、肠脏，洗净。起油锅，煎鲤鱼，溅清水少量，放入赤小豆、生姜、酒料酒少许。先武火煮沸，改文火焖至赤小豆熟，调上盐、味精即可随量食用或佐餐。

【功效与应用】利水消肿。适用于水湿泛溢，症见面色苍白，水肿胀满，小便不利，或气逆而咳等。西医运用本品用治慢性肾炎以消肿，有显著利尿消肿之效外，对门静脉性肝硬化伴浮肿或腹水者，亦有显著的利尿治肿作用。

【使用注意】没有特殊禁忌，每周可食用 3 次。

（5）丝瓜花鲫鱼汤

【来源】《中医饮食疗法》

【组成】鲜丝瓜花 25 g，鲫鱼 75 g，樱桃 10 g，香菜 3 g，葱白 3 g，姜 2 g，盐、味精、料酒、胡椒粉适量，鸡汤 1 大碗。

【制法与用法】将活鲫鱼刮鳞、去鳃、去内脏，洗净，在鱼身两侧划花刀，加盐、料酒、胡椒粉、味精腌制片刻。起锅放食油，烧至八成熟时，把鱼下入油锅炸，见鱼外皮略硬即捞起沥去油。把炸好鱼置砂锅内，加上葱白、姜片、料酒、盐、鸡汤，用武火煮沸，放文火慢煨，掠去葱白、姜片，再加入味精、丝瓜花、樱桃、香菜，煮滚 2 min，起锅后撒上胡椒粉即成，佐餐食用。

【功效与应用】健脾渗湿，利尿消肿。适用于因脾气虚弱，水湿内停而致的水肿淋病等，见有食少纳呆、浮肿不消、小便不利、脘腹胀满、心烦口渴等症状即可食用。

【使用注意】本品对一般水肿均有效，对脾胃虚弱者效果较好。丁肾阳不足而致之水肿，本品温阳之力不足，用之效果难以满意。

2.利水通淋

（1）滑石粥

【来源】《太平圣惠方》

【组成】滑石 20 g，粳米 50 g，白糖适量。

【制法与用法】将滑石磨成细粉，用布包扎，放入煲内，加水 500 mL，中火煎煮 30 min 后，弃布包留药液。粳米洗净入煲，注入滑石药液，加水适量，武火煮沸后文火煮成粥。粥成调入白糖，温热食用。每日 2 次，每次 1 碗。

【功效与应用】清热利湿，通小便。适用于尿道、膀胱感染而引起的小便不利，淋漓热痛，以及热病烦躁口渴，水肿等。

【使用注意】滑石粥有通利破血的能力，孕妇应忌服；脾胃虚寒，滑精及小便多者亦不宜服用。

（2）甘蔗白藕汁

【来源】《中华药膳大宝典》

【组成】甘蔗 100 g，莲藕 100 g。

【制法与用法】洗净甘蔗，去皮、切碎榨汁。洗净莲藕，去节、切碎、绞汁，每次取甘蔗汁，莲藕汁各一半饮用，1 天 3 次，连服 3 天。

【功效与应用】清热利湿，凉血润燥。用于口渴心烦，肺燥咳嗽，大便秘结的热病，尿频、尿短、尿痛的急性膀胱炎、尿道炎，有小便不利，腰腹绞痛、尿中带血的尿道结石及老年人便秘等，均有疗效。

【使用注意】甘蔗要黑皮蔗，莲藕要白嫩藕。脾胃虚寒者慎用。

（3）金钱草饮

【来源】《中国传统医学丛书·中国营养食疗学》

【组成】金钱草 200 g，冰糖少许。

【制法与用法】洗净金钱草，切碎，入药煲，加水 300 g，煎至 100 g，调入冰糖代茶频饮。

【功效与应用】清肝泄热，利湿退黄。适应胁痛口臭，湿热黄疸型肝胆疾病，以及尿血，尿痛，腰腹绞痛，石淋等。

【使用注意】神疲乏力，便溏者，或面色寒湿阴黄、晦暗，肝功能极差者忌食。

（4）荠菜鸡蛋汤

【来源】《本草纲目》

【组成】荠菜250 g，鲜鸡蛋1个，食用油、盐、味精适量。

【制法与用法】将荠菜洗净、切段，鸡蛋去壳打匀，用清水煮成汤，温热食服。每天1次，连食30天。

【功效与应用】清肝泄热，祛湿利尿。适用老年人的迎风落泪、头晕目眩，五官科的急性结膜炎、腮腺炎、牙肿牙痛等，以及尿频、尿急、尿血、急性膀胱炎、肾结石、肾结核等。

【使用注意】此汤可佐餐。感冒发烧者，不宜食用。

3. 利湿退黄

（1）茵陈粥

【来源】《粥谱》

【组成】茵陈30～50 g，粳米100 g，白糖或食盐适量。

【制法与用法】茵陈洗净入瓦煲加水200 mL，煎至100 mL，去渣；入粳米，再加水600 mL，煮至粥熟，调味成甜即可。每天2次微温服。7～10天为1个疗程。

【功效与应用】清热除湿，利胆退黄。适应湿热蕴蒸，胆汁外溢所致之目黄身黄，小便不利，尿黄如浓茶，属于急性黄疸型肝炎者；以及湿疮瘙痒，流黄水者。

（2）栀子仁粥

【来源】《太平圣惠方》

【组成】栀子仁100 g，粳米100 g，冰糖少许。

【制作与用法】将栀子仁洗净晒干、研成细粉备用。粳米放入瓦煲内加水煮粥至八成熟时，取栀子仁粉10 g调入粥内继续熬煮，待粥熟，调入冰糖，煮至溶化即成。每日2次温热服食，3天为1个疗程。

【功效与应用】清热降火、凉血解毒。适用于肝胆湿热郁结阶段之黄疸、发热、小便短赤；热病烦闷不安，目赤肿痛，口渴咽干；血热妄行之衄血、吐血、尿血。

【使用注意】本粥偏于苦寒，能伤胃气，不宜久服多食。如体虚脾胃虚寒，食少纳呆者不宜服食。

（3）泥鳅炖豆腐

【来源】《泉州本草》

【组成】活泥鳅 150 g，鲜嫩豆腐 100 g，生姜 5 g，料酒、油、盐、味精适量。

【制法与用法】将活泥鳅去内脏洗净，放入油锅中燥煎，下生姜、料酒调味，再将豆腐加入锅中，加盐、水，用文火慢炖，至泥鳅炖烂、豆腐呈蜂窝状，调入味精，即可食用。

【功效与应用】清热，利湿，退黄。适用于肝炎属脾虚有湿者，症见面目及全身皮肤微黄，胁肋微胀痛，饮食不振，体倦乏力，小便泛黄不利等。

【使用注意】活泥鳅用清水放养 1 天，排清肠内脏物，要活杀。隔天一食，连食 15 天。

（4）白茅根炖猪肉

【来源】《中国传统医学丛书·中医营养食疗学》

【组成】白茅根 100 g，猪肉 150 g，食油、味精、盐适量。

【制法与用法】将白茅根洗净切段，猪肉洗净切薄块。把茅根、猪肉一齐放入锅内，加清水适量，武火煮沸后改文火炖一个半小时，调入食油、味精、盐，即可服用。

【功效与应用】清肝凉血，健中退黄。用于急性黄疸型肝炎属湿热者，症见面目俱黄，色泽鲜明，小便不利，色如浓茶，饮食不振，便溏者。

【使用注意】白茅根取新鲜者，猪肉用猪脊肉。脾胃虚寒者不宜。

（七）化痰止咳平喘类药膳

凡以具有化痰止咳、降气平喘作用的药食组合，用于咳嗽吐痰，气逆喘满病症预防与调治的药膳，称为化痰止咳平喘类药膳。

1.化痰

（1）橘红糕

【来源】《民间食谱》

【组成】橘红 50 g，黏米粉 500 g，白糖 200 g。

【制法与用法】将橘红洗净，烘干研为细末，与白糖和匀备用。黏米粉适量，用水和匀，放蒸笼上蒸熟，待冷后，卷入橘红糖粉，切为夹心方块米糕，不拘时进食。

【功效与应用】燥湿化痰，理气健脾。适用于慢性支气管炎属痰湿所致，症见咳嗽痰多，色白清，胸脘痞闷，食欲不振者有疗效。为痰湿咳嗽，气滞纳呆者之食疗佳品。

【使用注意】肺阴不足，燥热有痰之咳嗽者不宜食用本品。

（2）瓜蒌饼

【来源】《本草思辨录》

【组成】瓜蒌瓤（去子）250 g，白糖 100 g，面粉 100 g。

【制法与用法】把瓜蒌瓤（去子）与白糖拌匀作馅，面粉发酵分成 16 份，包瓜蒌白糖馅做成包子，蒸熟或烙熟即可食用。每日早晚空腹各食 1 个。

【功效与应用】清肺祛痰。适用于肺郁痰咳，伴胸肋痛胀，咳嗽气促，咳痰黏稠或黏黄，咽痛口渴等。

【使用注意】脾胃虚寒成外感发热者不宜食用。

（3）柚子炖鸡

【来源】《本草纲目》

【组成】新鲜柚子 1 个，新鲜鸡肉 500 g，姜片、葱白、百合、味糖、盐等适量。

【制法与用法】将柚剥皮、去筋皮、除去，取肉 500 g，将鸡肉洗净切块，焯去血水。再将柚肉、鸡肉同放入炖盅内，置姜片、葱白、百合子鸡肉周围，调好盐、味精，加开水适量，炖盅加盖，置于大锅中，用文火炖 4 小时，取出可食之。1 周二次，连续服 3 周。

【功效与应用】健脾清食，化痰止咳。适应肺部疾病的痰多咳嗽，气郁胸闷，脘腹胀痛，食积停滞等。

【使用注意】消化不良者，以饮汤为宜。

（4）石菖蒲拌猪心

【来源】《医学正传》

【组成】猪心半个，石菖蒲 10 g，陈皮 2 g，料酒、盐、味精、姜片等。

【制法与用法】猪心洗净，去内筋膜，挤干净血水，切成小块；石菖蒲、陈皮洗净，同猪心放入炖盅内，加开水适量，调好料酒、盐、味精、姜片等，炖盅加盖，置于大锅中，用文火炖 4 小时，即可食用。

【功效与应用】化浊开窍，宁心安神。适用于神经衰弱属痰浊内扰者，症见失眠心悸，头晕头重，胸脘满闷，或呕吐痰沫，甚则突然昏倒，喉有痰声。

【使用注意】痰浓色黄、发烧，或火扰心神者不宜食用。

（5）川贝秋梨膏

【来源】《中华临床药膳食疗学》

【组成】款冬花、百合、麦冬、川贝各 30 g，秋梨 100 g，冰糖 50 g，蜂蜜 100 g。

【制法与用法】将款冬花、百合、麦冬、川贝入煲加水煎成浓汁，去渣留汁，再将去皮去核切成块状的秋梨以及冰糖、蜂蜜一同放入药汁内，文火慢煎成膏。冷却取出装瓶备用。每次食膏 15 g，日服 2 次，温开水冲服。

【功效与应用】润肺养阴，止咳化痰。适用于肺热燥咳、肺虚久咳、肺虚劳咳痰不出。

【使用注意】脾胃虚寒，咳唾清稀者不宜。

2. 止咳

（1）真君粥

【来源】《山家清供》

【组成】成熟的杏子 5 ～ 10 枚，粳米 50 ～ 100 g，冰糖适量。

【制法与用法】洗净杏子，用水煮烂去核，加入洗净之粳，再加冰糖共煮，粥熟后温食。每天一食，共 5 天。

【功效与应用】清润肺胃，止咳平喘。适应肺、胃阴伤，症见身热烦躁，干咳无痰，咽干口渴等。

【使用注意】如有肺热咳嗽，有黄稠痰，尿黄尿涩，大便干燥者不可食用。

（2）杏仁猪肺粥

【来源】《食鉴本草》

【组成】苦杏仁 15 g，粳米 100 g，猪肺 100 g，油、盐、味精适量。

【制法与用法】将苦杏仁去皮尖，放入锅内煮 15 min，再放洗净的粳米共煮粥半熟，再将洗净、挤干血水与气泡，切成小块的猪肺放入锅中，继续文火煮成熟粥，调入油、盐、味精，即可食用。每日早、晚 1 次，温食，1 碗为宜。

【功效与应用】润肺止咳。适应慢性支气管炎属痰盛者，症见咳嗽痰多，呼吸不顺，以致气喘，胸膈痞满，脉滑等。

【使用注意】食杏仁猪肺粥时，忌辛辣食物，忌油腻肥甘食物，忌烟、酒。饮食不宜过咸，少甜食。

（3）百部生姜汁

【来源】《中华临床药膳食疗学》

【组成】百部 50 g，生姜 50 g。

【制法与用法】把生姜洗净切块拍扁，与百部同入瓦煲加水煎沸，去渣，改文火煎煮 15 min，待温凉即可饮用。

【功效与应用】散寒和胃，止咳平喘。适用于咳嗽气喘，胸闷口淡，食欲不振，夜咳尤甚，不能入眠，舌苔白，脉弦滑。多见慢性支气管炎反复发作，百日咳属寒痰者，及风寒之邪引起的喘证。

【使用注意】因百部甚苦，可调入蜂蜜，以矫正其苦味，又增加其润肺之力。

3. 平喘

（1）杏仁饼

【来源】《丹溪纂要》

【组成】杏仁（去皮尖）40 粒，柿饼 10 个，青黛 10 g。

【制法与用法】将杏仁炒黄研为泥状，与青黛搅拌匀，放入掰开柿饼中摊开，用湿黄泥包裹，煨干后取柿饼食用。

【功效与应用】清肝泻火，润肺化痰。可治气逆咳嗽，面红喉干，咳时引胁作痛，舌苔薄黄少津，脉弦数。

【使用注意】杏仁饼乃治肝火犯肺之咳喘，故虚寒咳嗽者不宜食用。

（2）杏仁粥

【来源】《食医心镜》

【组成】杏仁（不论苦甜）20 g，粳米 100 g，食盐或冰糖适量。

【制法与用法】将杏仁去皮尖，放入锅中加水煮汁至杏仁软烂，去渣留汁，用药汁煮粳米成粥，调入盐或冰糖湿热食，每日 2 次。

【功效与应用】止咳平喘。适用于咳嗽气喘，久咳不止，咳痰多及肠燥津枯，大便秘结等。

【使用注意】按病情辨证使用苦杏仁或甜杏仁。

（3）蛤蚧粥

【来源】《四季饮食疗法》

【组成】生蛤蚧 1 只，全党参 30 g，糯米 50 g，酒、蜂蜜适量。

【制法与用法】生蛤蚧用刀背砸头至死，开膛去内脏，冲洗干净，用酒、蜂蜜涂抹全身，注意保护尾巴不可断折，再置瓦片上炙熟。全党参洗净，炙干，与蛤蚧共研末，调匀成饼。煮糯米稀粥八成熟，加入蛤蚧党参饼搅化，继续煮粥熟即可食。分 2～3 次食服，每日或隔日一料，5～6 料 1 个疗程，可间断再服。

【功效与应用】补益肺肾，纳气定喘。适用于日久咳喘不愈，而浮肢肿，动则出汗，腰腿冷痛，阳痿等。

【使用注意】外感，咳喘痰黄者不宜服用。

（八）消食解酒类药膳

凡以消食解酒类药物和食物为主组成，具有消食化脂或解酒醒醉等作用，用于治疗伤食、食积或饮酒酒醉等病证的药膳，称为消食解酒类药膳。

1. 消食化滞

（1）山楂麦芽茶

【来源】《中国药膳》

【组成】山楂 10 g，生麦芽 10 g。

【制法与用法】山楂洗净、切片，与麦芽同置杯中，倒入开水，加盖泡30 min，代茶饮用。

【功效与应用】消食化滞。适用于伤食、食积证，或大病初愈，胃弱纳差的病证。

（2）甘露茶

【来源】《古今医方集成》

【组成】炒山楂 24 g，生谷芽 30 g，麸炒神曲 45 g，炒枳壳 24 g，姜炙川朴 24 g，乌药 24 g，橘皮 120 g，陈茶叶 90 g。

【制法与用法】上药干燥，共制粗末，和匀过筛，分袋包装，每袋 9 g。1 日 1～2 次，每次 1 袋，开水冲泡，代茶温饮。

【功效与应用】消食开胃，行气导滞。适用于伤食、食积气滞证。

（3）神仙药酒丸

【来源】《清太医院配方》

【组成】檀香 6 g，木香 9 g，丁香 6 g，砂仁 15 g，茜草 60 g，红曲30 g。

【制法与用法】上药共为细末，炼蜜为丸，每丸 10 g 左右，可泡白酒500 mL，适量饮用。

【功效与应用】开胃消食，顺气导滞，宽胸利膈。适用于食积气滞证。

（4）荸荠内金饼

【来源】《中国食疗学·养生食疗菜谱》

【组成】荸荠 600 g，鸡内金 25 g，天花粉 20 g，玫瑰 20 g，白糖 150 g，菜油、面粉、糯米粉适量。

【制法与用法】将鸡内金制成粉末，加入天花粉、玫瑰、白糖与熟猪油60 g、面粉 10 g。

【功效与应用】功能开胃消食、清热止渴。主治胸中烦热口渴、脘腹痞闷、恶心厌食、纳食减少、苔黄腻、脉滑数等症。

【使用注意】荸荠性寒、猪油滑肠，脾胃虚寒及血寒者不可大量食用。

2. 健脾消食

（1）健脾消食蛋羹

【来源】《临床验方集锦》

【组成】山药 15 g，茯苓 15 g，莲子 15 g，山楂 20 g，麦芽 15 g，鸡内金 30 g，槟榔 15 g，鸡蛋若干枚，食盐、酱油适量。

【制法与用法】上述药、食除鸡蛋外共研细末，每次 5 g，加鸡蛋 1 枚调匀蒸熟，加适量食盐或酱油调味后直接食用。1 日 1 ～ 2 次。

【功效与应用】补脾益气，消食开胃。适用于脾胃虚弱，食积内停之证，症见纳食减少、脘腹饱胀、嗳腐吞酸、大便溏泻、脉象虚弱等。

（2）白术猪肚粥

【来源】《圣济总录》

【组成】白术 30 g，槟榔 10 g，生姜 10 g，猪肚 1 付，粳米 100 g，葱白3 茎（切细），食盐适量。

【制法与用法】前 3 味装入纱布袋内、扎口，猪肚洗净去涎滑，将药袋纳入猪肚中缝，用水适量煮猪肚令熟、取汁。以猪肚煮汁煮米粥，将熟时入葱白及食盐调味。空腹食用。

【功效与应用】健脾消食，理气导滞。适用于脾虚气滞脘腹胀满、纳差纳呆。

【使用注意】白术猪肚粥不宜长久食用，一般以 3 ～ 5 天为 1 个疗程。气虚下陷者忌用。

（3）小儿七星茶

【来源】《家庭医生》

【组成】薏苡仁 15 g，甘草 4 g，山楂 10 g，生麦芽 15 g，淡竹叶 10 g，钩藤 10 g，蝉蜕 4 g（一方无甘草而为灯芯 3 ～ 5 g）。

【制法与用法】上药共为粗末，水煎。代茶饮用。

【功效与应用】健脾益胃，消食导滞，安神定志。适用于小儿脾虚伤食证或疳积证，症见纳差腹胀，吐奶或呕吐，大便稀溏，或面黄肌瘦，厌食恶食，大便时干时稀，多汗易惊，睡卧不安，手足心热等。

（4）益脾饼

【来源】《医学衷中参西录》

【组成】白术30 g，红枣250 g，鸡内金15 g，干姜6 g，面粉500 g，食盐适量。

【制法与用法】白术、干姜入纱布袋内，扎紧袋口，入锅，下红枣，加水1000 mL，武火煮沸，改用文火熬1小时，去药袋，红枣去核，枣肉捣泥。鸡内金研成细粉，与面粉混匀，倒入枣泥，加而粉与少量食盐，和成面团，将面团再分成若干个小面剂，制成薄饼。平底锅内倒少量菜油，放入面饼烙熟即可。空腹食用。

【功效与应用】健脾益气，温中散寒，开胃消食。主治脾胃寒湿所致纳食减少，大便溏泄等病症。

【使用注意】本品偏温，故中焦有热者不宜食用。

（5）六和茶

【来源】《全国中成药处方集》

【组成】党参30 g，苍术45 g，甘草15 g，白扁豆60 g，砂仁15 g，藿香45 g，厚朴30 g，木瓜45 g，半夏60 g，赤茯苓60 g，杏仁45 g，茶叶120 g。

【制法与用法】以上各味共为粗末，每次9 g，沸水冲泡；或加生姜3片，大枣5枚，煎汤，代茶饮用。

【功效与应用】健脾益胃，理气开郁，消食化痰。适用于脾胃虚弱，饮食痰湿积滞的病证，症见脘腹胀满，食欲不振，恶心呕吐，大便溏泄，面色无华，形体消瘦，倦怠乏力，舌淡胖嫩苔白腻或水滑，脉缓弱或滑。

3. 解酒醒醉

（1）葛根枳棋子饮

【来源】《防醉解酒方》

【组成】葛根20 g，葛花10 g，枳棋子15 g。

【制法与用法】水煎 2 次，取汁 600 ~ 800 mL，于 2 小时内分 3 ~ 5 次饮服。

【功效与应用】发表散邪、清热除烦。适用于急性酒精中毒所致头痛头晕、燥热口渴等症。

（2）神仙醒酒丹

【来源】《寿世保元》

【组成】葛花 15 g，葛根粉 240 g，赤小豆花 60 g，绿豆花 60 g，白豆蔻 15 g，柿霜 120 g。

【制法与用法】以上各味共为细末，用生藕汁捣作丸，如弹子大。每用 1 丸，嚼碎吞服，立醒。

【功效与应用】宣散排毒，利尿祛湿，醒脾清胃。适用于饮酒酒醉所致头痛头晕、小便短涩、嗳气吞酸、纳差纳呆、苔腻脉滑等症。

（3）橘味醒酒羹

【来源】《滋补保健药膳食谱》

【组成】糖水橘子 250 g，糖水莲子 250 g，青梅 25 g，红枣 50 g，白糖 300 g，白醋 30 mL，桂花少许。

【制法与用法】青梅切丁；红枣洗净去核，置小碗中加水蒸熟。糖水橘子、莲子倒入铝锅或不锈钢锅中，再加入青梅、红枣、白糖、白醋、桂花、清水，煮开，晾凉后频频食用。

【功效与应用】解酒和中除噫，清热生津止渴。适用于饮酒酒醉所致噫气呕逆、吞酸嘈杂、不思饮食等症。

（九）理气类药膳

凡以理气类药物和食物为主组成，具有行气或降气等作用，用于治疗气滞或气逆证的药膳，称为理气类药膳。

（1）姜橘饮

【来源】《家庭食疗手册》

【组成】生姜 60 g，橘皮 30 g。

【制法与用法】水煎取汁，代茶饭前温饮。

【功效与应用】理气健中，除满消胀。适用于脾胃气滞引起的脘腹胀满。

（2）良姜鸡肉炒饭

【来源】《中国食疗大全》

【组成】高良姜6g，草果6g，陈皮3g，鸡肉150g，粳米饭150g，葱花、食盐、料酒、味精各适量。

【制法与用法】前3味洗净，加水煎取浓汁50 mL，鸡肉切片。起油锅，放入鸡肉片，加料酒、葱花煸炒片刻，倒入米饭，加食盐、味精及药汁再炒片刻即成。

【功效与应用】温胃散寒除湿，行气止痛降逆。适用于脾胃中寒、湿阻中焦之脘腹冷痛胀满、嗳气吐逆反胃等症。

【使用注意】上方性偏温燥，宜于寒湿之证，故胃热或阴虚所致者不宜使用。

（3）柚皮醪糟

【来源】《重庆草药》

【组成】柚子皮（去白）、青木香、川芎各等份，醪精、红糖各适量。

【制法与用法】前3味制成细末，每煮红糖、醪精1小碗，兑入药末3～6g，趁热食用，1日2次。

【功效与应用】理气解郁，和胃止痛。适用于肝胃不和所致的脘胁疼痛，并见脘胁胀闷疼痛，嗳气呃逆，不思饮食，精神郁闷成烦躁、脉弦等。

（4）五香酒料

【来源】《清太医院配方》

【组成】砂仁、丁香、檀香、青皮、薄荷、藿香、甘松、山奈、官桂、大茴香、白芷、甘草、菊花各12g，红曲、木香、细辛各8g，干姜2g，小茴香5g，烧酒1kg。

【制法与用法】上药以绢袋盛好，入烧酒中浸泡，10日后可用。每日早晚各饮1次，一次饮20～30 mL，忌食生冷、油腻等物。

【功效与应用】醒脾健胃，散寒止痛，芳香化湿，发表散邪。适用于脾胃气滞所致脘腹胀痛、食欲不振等症，也可用于寒凝肝郁疝气疼痛、阴暑证头身疼痛、呕恶厌食等的治疗或辅助治疗。

【使用注意】由于以上各方辛温香燥的药、食居多，因此阴虚火旺者不宜使用。

（5）二花调经茶

【来源】民间验方

【组成】月季花9 g（鲜品加倍），玫瑰花9 g（鲜品加倍），红茶3 g。

【制法与用法】上三味制粗末，用沸水冲泡10 min，不拘时温饮，每日1剂。连服数日，在经行前几天服用。

【功效与应用】理气活血，调经止痛。适用于气滞血瘀型月经不调或痛经。

（十）理血类药膳

凡以活血、止血等理血类药食为主制作而成，具有活血化瘀和血止血作用，以预防和治疗瘀血、出血等病证的药膳食品，均属于理血类药膳。

1.活血化瘀

（1）益母草煮鸡蛋

【来源】《食疗药膳》

【组成】益母草30～60 g，鸡蛋2个。

【制法与用法】鸡蛋洗净，与益母草加水同煮，熟后剥去蛋壳，入药液中复煮片刻。吃蛋饮汤。每天1剂。连用5～7天。

【功效与应用】活血调经，利水消肿，养血益气。适用于气血瘀滞之月经不调，崩漏，产后恶露不止或不下等。

（2）红花当归酒

【来源】《中药制剂汇编》

【组成】红花100 g，当归50 g，赤芍50 g，桂皮50 g，40度食用酒精适量。

【制法与用法】将上药干燥粉成粗末，40度食用酒精1000 mL浸渍10～15天，过滤，补充一些溶剂续浸药渣3～5天，滤过，添加酒至10 000 mL，即得。每日3～4次，每服10～20 mL，亦可外用涂擦跌打扭伤未破之患处。

【功效与应用】活血祛瘀，温经通络。适用于跌打扭伤、瘀血经闭腹痛等。

【使用注意】本品性偏温热，阴虚火妄者不宜，孕妇慎服。不胜酒力者可将药料加适量黄酒，水煎内服；外用也可水煎熏洗。

（3）桃花白芷酒

【来源】《家庭药酒》

【组成】桃花 250 g，白芷 30 g，白酒 1000 g。

【制法与用法】农历三月三日或清明节前后采摘桃花，特别是生长于东南方向枝条上的花苞及初放不久的花更佳。将采得的桃花与白芷、白酒同置入容器内，密封浸泡 30 日即可。每日早晚各 1 次，每次饮服15 ～ 30 mL，同时倒少许酒于掌心中，两手掌对擦，待手掌热后涂擦按摩面部患处。

【功效与应用】活血通络，润肤祛斑。主治瘀血所致的面部晦暗、黑斑、黄褐斑等。

【使用注意】妊娠期、哺乳期妇女及阴虚血热者忌服。

（4）丹参烤里脊

【来源】《中国药膳大全》

【组成】丹参 9 g(煎水)，猪里脊肉 300 g，番茄酱 25 g，葱、姜各 5 g(切末)，水发兰片、胡萝卜各 5 g（切粒），白糖 50 g，醋 25 g，精盐 5 g，花椒10 g，绍酒 10 g，酱油 25 g，豆油 70 g。

【制法与用法】将猪里脊肉切块（如鸭蛋大），顺着切刀口 1 cm 深，用酱油拌一下，用热油炸成金黄色，放入小盆内。加酱油、丹参水、姜、葱、花椒水、绍酒、清汤，拌匀，上烤炉，烤熟取出，顶刀切成木梳片，摆于盘内。勺内放油，入水发兰片、胡萝卜煸炒一下，加清汤、番茄酱、白糖、精盐、绍酒、花椒水。开锅后，加明油，浇在里脊片上即成。日常佐餐，适量食用，每周 3 ～ 5 次。

【功效与应用】活血祛瘀，安神除烦。适用于瘀血所致的月经不调，癥瘕积聚，胸腹刺痛，关节肿痛，心烦不眠等。

【使用注意】本方药性平和，去配料中的白糖亦可作为糖尿病患者的保健食品。孕妇慎用。

（5）桃仁粥

【来源】《太平圣惠方》

【组成】桃仁21枚（去皮尖），生地黄30 g，桂心3 g（研末），粳米100 g（细研），生姜3 g。

【制法与用法】地黄、桃仁、生姜3味加米酒180 mL共研，绞取汁备用。另以粳米煮粥，再下桃仁等汁，更煮令熟，调入桂心末。每日1剂，空腹热食。

【功效与应用】祛寒化瘀止痛。适用于寒凝血瘀之心绞痛、痛经、产后腹痛、关节痹痛等。

【使用注意】本方总以祛邪为主，不宜长时间服用。血热明显者可去桂心。平素大便稀溏者慎用。

（6）三七蒸鸡

【来源】《延年益寿妙方》

【组成】母鸡1只（约1500 g），三七20 g，姜、葱、料酒、盐各适量。

【制法与用法】将母鸡宰杀退去毛，剁去头、爪，剖腹去肠杂，冲洗干净；三七一半上笼蒸软，切成薄片，一半磨粉。姜切片，葱切成大段。将鸡剁成长方形小块装盆，放入三七片，葱、姜摆于鸡块上，加适量料酒、盐、清水，上笼蒸2小时左右，出笼后拣去葱姜，调入味精，拌入三七粉即成。吃肉喝汤，佐餐随量食用。

【功效与应用】散瘀止血定痛，益气养血和营。主治产后、经期、跌打、胸痹、出血等一切瘀血之证。

【使用注意】孕妇忌服。

2. 止血

（1）还童茶

【来源】《中成药研究》

【组成】槐角1 kg。

【制法与用法】秋季采摘饱满壮实之荚果为原料，洗净，常温晾干，烘

烤至深黄色，上笼蒸，出锅后再烘干至棕红色，除尽水分，最后将槐角轧破，将其内黑色种子脱去，取干燥之果皮轧碎，过筛，分袋装，每袋 10 g。用白开水冲泡饮用，每次 1 袋，每日 2 次。本品可连泡 2 次，颜色以棕红色至浅黄色为宜。

【功效与应用】清热，凉血，止血。适用于血热肠风泻血、痔疮出血、崩漏、血淋、血痢等。

（2）茅根车前饮

【来源】《中草药新医疗法资料选编》

【组成】白茅根、车前子（布包）各 50 g，白糖 25 g。

【制法与用法】将白茅根、车前子和适量水放入砂锅中，水煎 20 min，放入白糖即可。代茶频饮。

【功效与应用】凉血止血，利尿通淋。适用于下焦热盛，灼伤脉络，症见血尿、色鲜红、小便不利，热涩疼痛者；也可用于水肿、黄疸等。

【使用注意】本方虚寒者不宜。白茅根鲜者效著，远胜干者。

（3）白及肺

【来源】《喉科心法》

【组成】白及片 30～45 g，猪肺 1 具，黄酒 50 g，细盐适量。

【制法与用法】先将猪肺挑去血筋血膜，剖开洗净，切成小块，把猪肺小块同白及片一同放入砂锅内，加水煮沸，改用文火炖烂，最后加入黄酒、细盐，煎取浓汤。每日早、晚各炖热一小碗，空腹时喝汤吃肺。5～7 天为 1 个疗程。

【功效与应用】补肺止血。适用于肺痨咳嗽、咯血、吐血等。

【使用注意】外感咳血，肺痈初起及肺胃有实热者忌服。

（4）苎麻根粥

【来源】《经验方》

【组成】苎麻根 10 g，淮山药 5 g，莲子肉 5 g，糯米 50 g。

【制法与用法】将以上 3 味药适当切碎，与糯米共煮为粥。空腹食用，每日 2 次。

【功效与应用】补脾益肾，止血安胎。适用于妊娠下血，也可用于血热崩漏下血、赤白带下、血淋、肠风下血。

（5）花生衣红枣汁

【来源】《家庭食疗手册》

【组成】花生衣 60 g，干红枣 30 g，红糖适量。

【制法与用法】花生米在温水中泡半小时，去皮。干红枣洗净后温水泡发，与花生衣同放铝锅内，倒入泡花生米的水，再酌加清水，小火煎半小时，捞出花生衣，加入红糖。日 1 剂，分 3 次，饮汁并吃枣。

【功效与应用】补气养血，收敛止血。适用于产后、病后血虚，各种出血证。

【使用注意】内热、痰湿者不宜久服。

（十一）安神类药膳

凡以滋养安神，或重镇安神药食为主制作而成，具有安神作用，以预防和治疗神志不安的药膳，均属于安神类药膳方。

1. 养心安神

（1）百合粥

【来源】《本草纲目》

【组成】百合 30 g（或干百合粉 20 g），糯米 50 g，冰糖适量。

【制法与用法】将百合剥皮、去须、切碎（或十百合粉 20 g），与洗净的糯米同入砂锅中，加水适量，煮至米烂汤稠，加入冰糖即成。温热服。

【功效与应用】宁心安神，润肺止咳。适用于热病后期余热未清引起的精神恍惚、心神不安，以及妇女更年期综合征等；亦可用于肺燥引起的咳嗽、痰中带血等。

（2）酸枣仁粥

【来源】《太平圣惠方》

【组成】酸枣仁 10 g，熟地 10 g，粳米 100 g。

【制法与用法】将酸枣仁置炒锅内，用文火炒至外皮鼓起并呈微黄色，取出，放凉，捣碎，与熟地共煎，去渣，取汁待用；将粳米淘洗干净，加水适量，煮至粥稠时，加入药汁，再煮 3 ～ 5 min 即可食用。温热服。

【功效与应用】养心安神。适用于心肝血虚引起的心悸、心烦、失眠、多梦等症。

（3）柏子仁粥

【来源】《粥谱》

【组成】柏子仁 15 g，粳米 100 g，蜂蜜适量。

【制法与用法】将柏子仁去净皮、壳、杂质，捣烂，同粳米一起放入锅内，加水适量，用慢火煮至粥稠时，加入蜂蜜，搅拌均匀即可食用。温热服。

【功效与应用】养心安神，润肠通便。适用于心血不足引起的虚烦不眠、惊悸怔忡、健忘，以及习惯性便秘、老年性便秘等。另外，对血虚脱发亦有一定的治疗效果。

【使用注意】本方有润下、缓泻作用，故便溏或泄泻者忌服。

（4）甘麦大枣汤

【来源】《金匮要略》

【组成】甘草 20 g，小麦 100 g，大枣 10 枚。

【制法与用法】将甘草放入砂锅内，加入清水 500 g，大火烧开，小火煎至 200 g，去渣，取汁，备用；将大枣洗净，去杂质，同小麦一起放入锅内，加水适量，用慢火煮至麦熟时，加入甘草汁，再煮沸后即可食用。空腹温热服。

【功效与应用】养心安神，和中缓急。适用于心虚、肝郁引起的心神不宁，精神恍惚，失眠等。

【使用注意】本品略有助湿生热之弊，故伴有湿盛脘腹胀满，以及痰热咳嗽者忌服。

（5）人参炖乌骨鸡

【来源】《中国食疗大典》

【组成】乌骨鸡 2 只，人参 100 g，母鸡 1 只，猪肘 500 g，精盐、料酒、味精、葱、姜及胡椒粉各适量。

【制法与用法】将乌骨鸡宰杀，去毛，斩爪，去头，去内脏；将腿别在肚子里，出水。将人参用温水洗净；并将猪肘用力刮洗干净，出水；把葱切成段，姜切成片备用。将大砂锅置旺火上，加足清水，放入母鸡、猪肘、葱段、姜片，沸后捞去浮沫，移小火上慢炖，炖至母鸡和猪肘五成烂时，将乌骨鸡和人参加入同炖，用精盐、料酒、味精、胡椒粉调好味，炖至鸡酥烂即可。作菜肴食用。

【功效与应用】养阴安神，清热除烦。适用于阴虚内热引起的虚烦少寐，心悸神疲，五心烦热等症。

【使用注意】本方略有滋腻，故凡素有湿热内蕴，或阳气不足者慎用。

2. 重镇安神

（1）朱砂煮猪心

【来源】《疾病食疗 900 方》

【组成】猪心 1 个，朱砂 1 g。

【制法与用法】将猪心剖开，将朱砂塞入心腔内，外用细线扎好，放入足量的清水中熬煮，直至猪心煮熟为止。最后酌加细盐、小葱等即成。食猪心，喝汤，两天内吃完。

【功效与应用】养心，安神，镇惊。主治心火亢盛、心阴不足引起的心烦失眠，心慌，惊悸，神志不宁等症。

【使用注意】朱砂含硫化汞等有毒之品，故服用本方不宜过量，亦不可久服。肝肾功能不正常者慎用。

（2）磁石粥

【来源】《寿亲养老新书》

【组成】磁石 30 g，粳米 100 g，生姜、大葱各适量（或加猪腰子，去内膜，洗净切细）。

【制法与用法】先将磁石捣碎，于砂锅内煎煮 1 小时，滤汁去渣，再加入粳米（或加少量猪腰子）、生姜、大葱，同煮为粥。供晚餐，温热服。

【功效与应用】重镇安神。适应于心神不安引起的心烦失眠，心慌，惊悸，神志不宁，头晕头痛等症。

【使用注意】磁石为磁铁矿的矿石，内服后不易消化，故不可多服。脾

胃虚弱者慎用。

（十二）平肝潜阳类药膳

凡以平肝潜阳或息风药食为主组成，具有平肝潜阳或平肝息风作用的药膳方剂，用于治疗肝阳上亢或肝风内动病证的药膳，谓之平肝潜阳类药膳。

（1）天麻鱼头

【来源】《中国药膳学》

【组成】天麻 25 g，川芎 10 g，茯苓 10 g，鲜鲤鱼 2 条（每条重 600 g 以上），酱油 25 g，绍酒 45 g，食盐 15 g，白糖 5 g，味精 1 g，胡椒粉 3 g，麻油 25 g，葱 10 g，生姜 15 g，湿淀粉 50 g。

【制法与用法】将鲜鲤鱼去鳞，剖开腹，挖去内脏，洗净，再从鱼背部剖开，每半边剁成 3～4 节，每节剖 3～5 刀（不要剖透），将其分为 8 等份，用 8 个蒸碗分盛。另把川芎、茯苓切成大片，放入二泔水中，再加入天麻同泡，共浸泡 4～6 小时，捞出天麻置米饭上蒸软蒸透，趁热切成薄片，与川芎、茯苓同分为 8 等份，分别挟入各份鱼块中，然后放入绍酒、姜、葱，兑上适量清汤，上笼蒸约 30 min 后取出，拣去姜、葱，翻扣碗中，再将原汤倒入火勺内，调入酱油、食盐、白糖、味精、胡椒粉、麻油、湿淀粉、清汤等，烧沸，打去浮沫，浇在各份鱼的面上即成。每周 2～3 次，佐餐食用。

【功效与应用】平肝息风，滋养安神，活血止痛。适用于肝阳、肝风所引起的眩晕头痛，肢体麻木，手足震颤等症；对顽固性偏正头痛，体虚烦躁失眠等亦有良好的疗效。

【使用注意】本方性味平和，肝肾阴虚，肝阳上亢者可用作日常膳食经常食用，无特别禁忌。

（2）夏枯草煲猪肉

【来源】《食物疗法》

【组成】夏枯草 20 g，猪瘦肉 50 g，食盐、味精各适量。

【制法与用法】将猪肉切薄片，夏枯草装纱布袋中、扎口，同放入砂锅内，加水适量，文火炖至肉熟烂，弃药袋，加食盐、味精调味即成。每日1剂，佐餐食肉饮汤。

【功效与应用】平肝清热，疏肝解郁。适用于头痛、眩晕、目痛、耳鸣、烦躁、瘰疬、痰核等。

【使用注意】本方性偏寒凉，脾胃虚寒，大便溏薄者慎用。

（3）罗布麻茶

【来源】《新疆中草药手册》

【组成】罗布麻 3～10 g。

【制法与用法】将罗布麻放入瓷杯中，以沸水冲泡，密闭浸泡 5～10 min，不拘时间，代茶频饮，每日数次。

【功效与应用】平肝清热，利尿安神。适用于肝阳上亢所致的头痛眩晕，脑涨烦躁，失眠，肢体麻木，小便不利等症。

【使用注意】本方作用缓和，服用时间愈久，疗效愈高，超过半年者，其效尤显著。但脾胃虚寒者，不宜长期服用。罗布麻以泡服为宜，不宜煎煮，以免降低疗效。

（4）芹菜肉丝

【来源】《中医饮食疗法》

【组成】芹菜 500 g，猪肉 100 g，食盐 5 g，酱油 5 g，味精 5 g，芝麻油 30 g，葱丝 5 g，姜丝 3 g，湿淀粉适量。

【制法与用法】将芹菜剔去叶，削去老根，洗净，切成寸许长的段，放沸水中略焯，捞出用凉水过凉，沥干备用。瘦猪肉洗净切为细丝加入少许湿淀粉、酱油、芝麻油拌匀腌制备用。炒锅置旺火上，注入芝麻油，烧热后放入葱丝、姜丝、肉丝煸炒。待肉丝炒熟，加入芹菜、食盐、味精，翻炒均匀，出锅即成。

【功效与应用】清热平肝，利湿降火，芳香健胃。适用于肝阳上亢、肝火上炎所致的头晕头痛，目眩耳鸣，心悸失眠，口苦目赤，心烦欲饮，肢体麻木，痉挛抽搐，小便不利等症；亦可用于病后体弱，食欲减退，形体消瘦者。

【使用注意】芹菜性凉，脾胃虚寒，大便溏薄者则不宜常食。

（5）芹菜红枣汤

【来源】《家庭食疗手册》

【组成】芹菜 200～500 g，红枣 60～120 g。

【制法与用法】将芹菜全株洗净（不去根叶），切成寸许长的段，与洗净的红枣一同放入锅中，加水适量煮汤，分次饮用。

【功效与应用】平肝清肝，养血宁心。适用于肝阳上亢，心血不足所致的头痛头晕，失眠烦躁，惊悸怔忡，食少等症。

（十三）固涩类药膳

凡以固涩药食为主组成，具有收敛固涩作用，用以治疗气、血、精、液耗散或滑脱之证的药膳称为固涩类药膳。此类药膳具有补益肝肾，敛肺健脾，固表敛汗，涩精缩尿，祛湿止带，涩肠固脱等作用。适用于因肺、脾、肾亏虚所致的自汗盗汗，喘咳不宁，泻痢脱肛，遗精遗尿，胎动滑胎，失血崩漏等滑脱之症。因此，本类药膳根据其不同作用，分为固表止汗、固肠止泻、涩精止遗、固崩止带四类。

1. 固表止汗

（1）浮小麦饮

【来源】《卫生宝鉴》

【组成】浮小麦 15～30 g，红枣 10 g。

【制法与用法】将浮小麦、红枣洗净放入砂锅内，加水适量，煎汤频饮。亦可将浮小麦炒香，研为细末，每次 2～3 g，枣汤或米饮送服，每日 2～3 次。

【功效与应用】固表止汗，养血安神。适用于卫气不足，肌表不固，或心阴亏损，心液外泄所致的自汗、盗汗之症有良好的疗效。

【使用注意】本方益气滋阴，善敛虚汗，但作用较为缓和，故虚脱重证不宜使用，否则病重药轻，无济于事。

（2）麻鸡敛汗汤

【来源】《太平圣惠方》

【组成】麻黄根 30 g，牡蛎 30 g，肉苁蓉 30 g，母鸡 1 只（约重 1000 g），

食盐、味精各适量。

【制法与用法】先将鸡宰杀后去毛、内脏、头、足，洗净与麻黄根同放入砂锅中，加水适量，文火煮至鸡烂后，去鸡骨及药渣，加入洗净后的肉苁蓉、牡蛎再煮至熟，入食盐、味精调味即成。每周 2～3 次，食肉喝汤，早晚佐餐服食。

【功效与应用】补气固表，敛阴止汗。适用于气阴不足，卫阳不固所致的自汗、盗汗，或病后动辄汗出不止，且易复感及畏风、短气乏力者。

（3）生脉饮

【来源】《备急千金要方》

【组成】人参 10 g，麦冬 15 g，五味子 10 g。

【制法与用法】将 3 药洗净，人参切成小块，放入砂锅中，加水适量，文火煎煮约 1 小时后取汁，不拘时温服。

【功效与应用】大补元气，益气生津，敛阴止汗。适用于热病或大病后，口渴多汗，体倦气短，心悸，脉虚数或结代；以及久咳伤肺，干咳无力，动则汗出，口干舌红，气促声怯，脉虚者。

【使用注意】本方对热伤气阴汗出不止之症，效果颇佳，若属热邪伤阴之证，可以西洋参易人参，但对暑病热炽，气阴未伤者，以及表邪未解而咳者，禁用本方，误用有"闭门留寇"之患。

（4）乌梅粥

【来源】《圣济总录》

【组成】乌梅 10～15 g，粳米 60 g，冰糖适量。

【制法与用法】先将乌梅洗净，逐个拍破，入锅煎取浓汁去渣，再入粳米煮粥，粥熟后加冰糖少许，稍煮即可。趁温热空腹服之，早晚各 1 次。

【功效与应用】涩肠止泻，收敛止血，敛肺止咳，生津止渴。适用于脾虚久泻久痢、肺虚久咳不止、消渴或暑热汗出、口渴多饮等。

【使用注意】本方以慢性久病之咳嗽、消渴、泻痢、便血等为宜，凡外感咳嗽、泻痢初起及内有实邪者均不宜食用。

（5）八珍糕

【来源】《外科正宗》

【组成】人参15 g，山药180 g，芡实180 g，茯苓180 g，莲子肉180 g，糯米1000 g，粳米1000 g，白糖500 g，蜂蜜200 g。

【制法与用法】将人参等各药分研为末，糯米、粳米如常法磨制为粉，各粉放入盆内，与蜂蜜、白糖相合均匀，入水适量煨化，同粉料相拌和匀，摊铺蒸笼内压紧蒸糕，糕熟切块，火上烘干，放入瓷器收贮。每日早晚空腹食30 g。

【功效与应用】补中益气，收涩止泻，安神益智。适用于病后及年老、小儿体虚脾胃虚弱，神疲体倦，饮食无味，便溏腹泻者。

（6）薯蓣鸡子黄粥

【来源】《医学衷中参西录》

【组成】薯蓣（山药）50 g，熟鸡蛋黄2枚，食盐少许。

【制法与用法】先将薯蓣捣碎研末，放入盛有凉开水的大碗内调成薯蓣浆。把薯蓣浆倒入小锅内，用文火一边煮，一边不断地用筷子搅拌，煮熟后，再将熟鸡子黄捏碎，调入其中，稍煮1～2沸，加食盐少许调味即成。1日内分3次空腹食用。

【功效与应用】补益脾胃，固肠止泻，养血安神。适用于脾虚日久，食欲不振，肠滑不固，久泻不止者。

【使用注意】本方质润而收涩，凡湿盛、胸腹满闷者，不宜食用。血胆固醇水平高者，应慎用。

2.涩精止遗

（1）金樱子粥

【来源】《饮食辨录》

【组成】金樱子30 g，粳米50 g，食盐少许。

【制法与用法】金樱子洗净，放入锅内，加清水适量，用武火烧沸后，转用文火煮10 min，滤去渣，药汁与粳米同煮为粥，再加食盐少许拌匀调味即成。每日1次，晚上睡前温服。

【功效与应用】收涩固精，止遗固泄。适用于脾肾不足，下元不固所致的神疲乏力，腰膝酸软，滑精遗精，尿频遗尿，女子带下、阴挺，以及久泻脱肛等。

【使用注意】本方收涩作用显著，非属滋补之品，不可无故服之。凡实证及兼外感者，不宜服食。

（2）金樱子炖猪小肚

【来源】《泉州本草》

【组成】金樱子30 g，猪小肚1个，食盐、味精各适量。

【制法与用法】先将猪小肚去净肥脂，切开，用盐、生粉拌擦，用水冲洗干净，放入锅内用开水煮15 min，取出在冷水中冲洗。金樱子去净外刺和内瓤，一同放入砂锅内，加清水适量，武火煮沸后，文火炖3小时，再加食盐、味精调味即成。

【功效与应用】缩尿涩肠，固精止带，益肾固脱。适用于肾气不足所致腰膝酸软，小便频数，遗尿，遗精，滑精，带下等证。

【使用注意】本方具有补肾固涩之功用，感冒期间，以及发热的患者不宜食用。另外，食用时要特别注意将猪小肚漂洗干净，否则会有臊味。

（3）芡实煮老鸭

【来源】《大众药膳》

【组成】芡实200 g，老鸭1只（约1000 g），葱、姜、食盐、黄酒、味精等各适量。

【制法与用法】将鸭宰杀后，除去毛及内脏，洗净鸭腹内的血水。芡实洗净，放入鸭腹。将鸭子放入砂锅内，加葱、姜、食盐、黄酒、清水适量，用武火烧沸后，转用文火煮2小时，至鸭酥烂，再加味精搅匀即成。每周1～2次，佐餐食用。

【功效与应用】补益脾胃，除湿止泻，固肾涩精。适用于脾肾亏虚，下元不固而致的腰膝酸软，脘闷纳少，肠鸣便溏，久泻久痢及遗精，带下等。

【使用注意】本方为补涩之剂，凡湿热为患之遗精白浊、尿频带下、泻痢诸证，则不宜食用。

（4）山茱萸粥

【来源】《粥谱》

【组成】山茱萸 15 g，粳米 60 g，白糖适量。

【制法与用法】将山茱萸洗净去核，与粳米同入砂锅煮粥，待粥将成时，加入白糖稍煮即成。1 日分 2 次食用。3～5 天为 1 个疗程，病愈即可停服。

【功效与应用】补益肝肾，涩精止遗，敛汗固脱。适用于肝肾不足所致的腰膝酸软、头晕耳鸣、阳痿遗精、遗尿尿频及冲任损伤所致的崩漏、月经过多、虚汗不止、带下量多等证。

【使用注意】本方以补涩见长，邪气未尽者忌用。此外，因山茱萸果核可以导致遗精，故煮粥时宜先将果核去除干净。

3. 固崩止带

（1）菟丝子粥

【来源】《粥谱》

【组成】菟丝子 30 g，粳米 60 g，白糖适量。

【制法与用法】将菟丝子洗净后捣碎，加水煎煮去渣取汁，再用药汁煮粥，待粥将成时，加入白糖稍煮即成。1 日分 2 次食用。

【功效与应用】补肾益精，养肝明目，益脾止泄，安胎止带。适用于肝肾亏虚所致的腰膝酸软，头晕目眩，视物不清，目昏目暗，耳鸣耳聋；妇人带下过多，胎动不安，滑胎不孕以及男子阳痿遗精，早泄不育，膏淋白浊，尿频遗尿，久泻不止等。

【使用注意】本方作用比较和缓，必须坚持服用，方可达到预期的目的。以 7～10 天为 1 个疗程，然后每隔 3～5 天再续服。

（2）白果乌鸡汤

【来源】《经验方》

【组成】白果 15 g，莲子肉 15 g，薏苡仁 15 g，白扁豆 15 g，淮山药 15 g，胡椒末 3 g，乌骨鸡 1 只（约 1000 g），食盐、绍酒各适量。

【制法与用法】先将乌骨鸡宰杀，去毛及内脏洗净后，剁去鸡爪不用。然后将水发各药一并装入鸡腹内，用麻线缝合剖口，将鸡置于砂锅内，加入食盐、绍酒、胡椒末及适量清水，武火烧沸后，转用文火炖（2 小时）熟烂即成。每周 1～2 次，空腹食用。

【功效与应用】补益脾肾，固精止遗，除湿止带，涩肠止泻，止咳平喘。适用于脾肾两虚或脾虚有湿所致的白带清稀量多，遗精滑泄，腰膝酸软，小便白浊，尿频遗尿，纳少便溏，倦怠乏力等。

【使用注意】本方有良好的调补作用，以补虚固涩为主，凡属带下色黄而臭，湿热带下者；或外邪未清，实邪内停者，均不宜服用。

（3）山药芡实粥

【来源】《寿世保元》

【组成】山药 50 g，芡实 50 g，粳米 50 g，香油、食盐各适量。

【制法与用法】山药去皮切块，芡实打碎。两者同入锅中，加水适量煮粥，待粥熟后加香油、食盐调味即成。每晚温热服食。

【功效与应用】补益脾肾，除湿止带，固精止遗。适用于脾肾两虚或脾虚有湿所致的女子带下清稀，男子遗精滑泄，以及健忘失眠，纳少便溏，倦怠乏力，形体羸瘦等。

【使用注意】本方补涩力较强，凡湿热为患所致之带下尿频、遗精白浊诸症，不宜服用。

（十四）补益类药膳

凡以补益药、食为主组成，具有补益人体气血阴阳等作用，用以治疗虚证的药膳，称为补益药膳。

1. 补气

（1）黄芪蒸鸡

【来源】《随园食单》

【组成】嫩母鸡 1 只（1000 g 左右），黄芪 30 g，精盐 5 g，绍酒 15 g，葱、生姜各 10 g，清汤 500 g，胡椒粉 2 g。

【制法与用法】母鸡宰杀后去毛，剖开去内脏，剁去爪，洗净。先入沸水锅内焯至鸡皮伸展，再捞出用清水冲洗，沥干水待用。黄芪用清水冲洗

干净，趁湿润斜切成 2 mm 厚的长片，塞入鸡腹内。葱洗净后切成段，生姜洗净去皮，切成片。把鸡放入砂锅内，加入葱、姜、绍酒、清汤、精盐，用湿棉纸封口。上蒸笼用武火蒸，水沸后蒸 1.5～2 h，至鸡肉熟烂。出笼后去黄芪，再加入胡椒粉调味，空腹食之。

【功效与应用】益气升阳，养血补虚。适用于脾虚食少，倦怠乏力，气虚自汗，易患感冒，血虚眩晕，肢体麻木及中气下陷所引起的久泻、脱肛、子宫下垂等。

【使用注意】表虚邪盛，气滞湿阻，食积停滞，以及阴虚阳亢者，均不宜用。

（2）四君蒸鸭

【来源】《百病饮食自疗》

【组成】嫩鸭 1 只，党参 30 g，白术 15 g，茯苓 20 g，调料适量。

【制法与用法】活鸭宰杀，洗净，去除嘴、足，入沸水中滚一遍捞起，把鸭翅盘向背部；党参、白术、茯苓切片，装入双层纱布袋内，放入鸭腹；将鸭子置蒸碗内，加入姜、葱、绍酒、鲜汤各适量，用湿绵纸封住碗口，上屉武火蒸约 3 小时，去纸并取出鸭腹内药包、葱姜，加精盐、味精，饮汤食肉。

【功效与应用】益气健脾。适用于脾胃气虚，食少便溏，面色萎黄，语声低微，四肢无力，舌质淡，脉细弱等。

【使用注意】脾胃虚寒所致的食少便溏、脘腹疼痛不宜用。

（3）乌鸡豆蔻

【来源】《本草纲目》

【组成】乌骨母鸡 1 只（1 kg 以上），草豆蔻 30 g，草果 2 枚。

【制法与用法】乌骨母鸡，宰杀后，去杂毛及肠杂，洗净。将豆蔻、草果烧存性，放入鸡腹内扎定，煮熟，空腹食之。

【功效与应用】益气补虚，健脾止泻。适用于体虚气弱，寒湿阻滞脾胃，脘腹胀满冷痛，大便滑泻等。

【使用注意】伤食消化不良及胃肠湿热而致的泄泻，不宜使用本方。

（4）黄精烧鸡

【来源】《家庭药膳》

【组成】黄精50 g，党参25 g，淮山药25 g，鸡1只（约2000 g），生姜、葱各15 g，胡椒粉3 g，料酒50 g，味精2 g，猪油70 g，肉汤1500 mL。

【制法与用法】将鸡宰杀后，去杂毛和内脏，剁去脚爪，入沸水锅中汆透，捞出砍成块；将党参洗净切5 cm长段，山药洗净切片，生姜洗净拍破，葱洗净切长段。锅置火土，注入猪油，下姜、葱煸出香味，放入鸡块、黄精、党参、淮山药、胡椒粉，注入肉汤、料酒，用大火烧开，打去浮沫，改用小火慢烧3小时，待鸡肉熟时，拣去姜、葱不用，收汁后入味精调味即成。空腹食之。

【功效与应用】补脾胃，安五脏。适用于脾胃虚弱，便溏，消瘦，纳少，带下等。

【使用注意】本品性质滋腻，故脾虚湿困，痰湿咳嗽及舌苔厚腻者不宜服用。

（5）黄芪猴头汤

【来源】《中国药膳学》

【组成】猴头菌150 g，黄芪30 g，嫩母鸡250 g，生姜15 g，葱白20 g，食盐5 g，胡椒面3 g，绍酒10 g，小白菜心100 g，清汤750 g。

【制法与用法】猴头菌经冲洗后放入盆内，用温水泡发，约30 min后捞出，削去底部的木质部分，再洗净切成约2 mm厚的大片。发菌用的水在纱布过滤后留存待用。嫩母鸡宰杀后洗净，切成条块。黄芪用热湿毛巾揩抹净，切成马耳形薄片。葱白切为细节，生姜切为丝，小白菜心用清水洗净待用。锅烧热下入猪油，投进黄芪、生姜、葱白、鸡块，共煸炒后放入食盐、绍酒，及发猴头菌的水、少量清汤，用武火烧沸后，改用文火再煮约1 h，然后下猴头菌再煮半小时，撒入胡椒面和匀。先捞出鸡块放置碗底，再捞出猴头菌盖在鸡肉上；汤中下入小白菜心，略煮片刻，将菜心舀出置碗内，即成。

【功效与应用】益气健脾，补益虚损。适用于脾胃虚弱，食少乏力，气虚自汗，易患感冒者；或由于气血两虚所致眩晕心悸、健忘、面色无华等。

贵州省
森林康养规划设计研究

【使用注意】胃热气滞而见胃脘胀痛、灼热泛酸者,不宜用本膳。

(6)人参猪肚

【来源】《良药佳馔》

【组成】人参 10 g,甜杏仁 10 g,茯苓 15 g,红枣 12 g,陈皮 1 片,糯米 100 g,猪肚 1 具,花椒 7 粒,姜 1 块,独头蒜 4 个,葱 1 根,调料适量。

【制法与用法】人参洗净,置旺火上煨 30 min,切片留汤。红枣酒喷后去核;茯苓洗净;杏仁先用开水浸泡,用冷水搓去皮晾干;陈皮洗净,破两半;猪肚两面冲洗干净,刮去白膜,用开水稍稍烫一下。姜、蒜拍破,葱切段,糯米淘洗干净。把诸药与糯米、花椒、白胡椒同装纱布袋内,扎口,放入猪肚内。把猪肚放置在一个大盘内,加适量奶油、料酒、盐、姜、葱、蒜,上屉用旺火蒸 2 h,至猪肚烂熟时取出。待稍凉后,取出纱布袋,解开,取出人参、杏仁、红枣,余物取出弃去不用,只剩糯米饭。把红枣放入小碗内,并将猪肚切成薄片放在红枣上,然后人参再放置在猪肚上。把盘内原汤与人参汤倒入锅内,待沸,调入味精。饮汤吃猪肚、糯米饭。每周服 1～2 次,长期服食效佳。

【功效与应用】益气健脾,滋养补虚。适用于脾胃虚弱,食欲不振,便溏,气短乏力,头晕眼花及浮肿诸症。

【使用注意】本方适用于慢性疾病的恢复与调养,尤其对脾胃虚弱者的调补最为适宜,各种急性病发作期均不宜应用。

2.补血

(1)归参炖母鸡

【来源】《乾坤生意》

【组成】当归身 15 g,党参 15 g,母鸡 1500 g,生姜、葱、料酒、食盐各适量。

【制法与用法】将母鸡宰杀后,去掉杂毛与内脏,洗净;再将洗净切片的当归、党参放入鸡腹内,置砂锅中,加入葱、姜、料酒等,掺入适量的清水,武火煮至沸后,改用文火炖至鸡肉熟透即成。可分餐食肉及汤。

【功效与应用】补血益气,健脾温中。适用于血虚气弱而见面色萎黄、头晕、心悸、肢体倦乏等。

【使用注意】外邪未净及热性病患者不宜食用。

（2）红杞田七鸡

【来源】《中国药膳学》

【组成】枸杞子 125 g，三七 10 g，肥母鸡 1 只，猪瘦肉 100 g，小白菜心 250 g，面粉 150 g，绍酒 30 g，味精 0.5 g，胡椒粉 5 g，生姜 10 g，葱白 30 g，精盐 10 g。

【制法与用法】肥母鸡宰杀后去毛，剖腹去内脏，剁去爪，冲洗干净；枸杞子拣去杂质，洗净；三七用 4 g 研末备用，6 g 润软后切成薄片；猪肉洗净剁细；小白菜心清水洗净，用开水烫过，切碎；面粉用水和成包饺子面团；葱洗净，少许切葱花，其余切为段；生姜洗净，切成大片，碎块捣姜汁备用。整鸡入沸水中略焯片刻，捞出用凉水冲洗后，沥干水。将枸杞子、三七片、姜片、葱段塞于鸡腹内。鸡置锅内，注入清汤，入胡椒粉、绍酒，将三七粉撒于鸡脯肉上。用湿棉纸封紧锅子口，上笼旺火蒸约 2 h。另将猪肉泥加精盐、胡椒粉、绍酒、姜汁和成饺子馅，再加小白菜拌匀。将面团分 20 份擀成饺子皮，包 20 个饺子蒸熟。吃饺子与鸡肉。

【功效与应用】补肝肾，益气血。适用于年老体虚，病后未复，产后血虚，贫血及其他营血虚损证，见面色萎黄、心悸心慌、头晕眼花、经血量少及腰膝酸软等症。

【使用注意】凡外感表证未愈，身患湿热病证，或其他急性病罹患期间则不宜食用。

（3）群鸽戏蛋

【来源】《养生食疗菜谱》

【组成】白鸽 3 只，鸽蛋 12 个，人参粉 10 g，干淀粉 30 g，清汤 130 g，湿淀粉 15 g，熟猪油 500 g（实耗 100 g），绍酒 15 g，精盐 7 g，葱 15 g，酱油 15 g，味精 1 g，姜块 10 g，胡椒面 0.8 g，花椒 12 粒。

【制法与用法】新鲜白鸽去毛及内脏，洗净。精盐、绍酒、酱油兑成汁，抹于鸽肉内外，将鸽子两腿翻向鸽背盘好。炒锅置旺火上，下熟猪油烧至七成熟，放入鸽肉，炸约 6 min，捞出沥去油，放入蒸碗内，加姜葱、人参粉、清汤等，用湿棉纸封住碗口，置火上蒸至鸽肉骨松翅裂为度。将鸽蛋

蒸熟，用冷水略浸，剥去蛋壳，入干淀粉中滚动，裹上淀粉后入油中炸至色黄起锅。将蒸好的鸽肉起出摆盘中，下放 2 只，上放 1 只、炸鸽蛋镶于周围。再将蒸鸽原汤入锅加胡椒、味精、湿淀粉勾成芡汁入汤，将汤淋于鸽肉及蛋上即成。

【功效与应用】益气养血，补益肝肾。适用于气虚血亏，肝肾不足，腰膝酸软，脾胃虚弱，食欲不振，气短乏力等。

【使用注意】本膳药食均较平稳，一般虚弱病证均可食用，但阴虚甚者不宜用。

（4）阿胶羊肝

【来源】《中医饮食疗法》

【组成】阿胶 15 g，鲜羊肝 500 g，水发银耳 3 g，青椒片 3 g，白糖 5 g，胡椒粉 3 g，绍酒 10 g，酱油 3 g，精盐 2 g，味精 5 g，香油 5 g，淀粉 10 g，蒜末 3 g，姜 3 g，葱 5 g，植物油 500 g。

【制法与用法】将阿胶放于碗内，加入白糖和适量清水，上屉蒸化。羊肝切薄片，放入碗内，加入干淀粉搅拌均匀备用。另用 1 小碗，加入精盐、酱油、味精、胡椒粉、淀粉勾兑成汁。炒锅内放入植物油 500 g，烧五成热时，将肝片下入油中，滑开滑透，倒入漏勺内沥去油。炒锅内留少许底油，放入姜、葱、蒜末炸锅，加入青椒、银耳，烹入绍酒，倒入滑好的肝片、阿胶汁，翻炒几下，再把兑好的芡汁泼入锅内，翻炒均匀，加香油即成。

【功效与应用】补血养肝。适用于肝血不足所致面色萎黄，头晕耳鸣，目暗昏花，两眼干涩，雀目夜盲等症。

【使用注意】阿胶性质滋腻，有碍消化，故脾胃虚弱，食欲不振，大便溏薄者忌服。如有外感表证未愈者，亦不宜用。

（5）菠菜猪肝汤

【来源】《中国药膳学》

【组成】菠菜 30 g，猪肝 100 g，调料适量。

【制法与用法】将菠菜洗净，在沸水中烫片刻，去掉涩味，切段，将鲜猪肝切成薄片，与食盐、味精、水豆粉拌匀；将清汤（肉汤、鸡汤亦可）烧沸，加入洗净拍破的生姜、切成短节的葱白、熟猪油等，煮几分钟后，放入拌好的猪肝片及菠菜，至肝片、菠菜煮熟即可。佐餐常服。

【功效与应用】补血养肝，润燥滑肠。适用于血虚萎黄，视力减退，大便涩滞等。

【使用注意】

菠菜质滑而利，善能润燥滑肠，故脾胃虚寒泄泻者不宜用。肾炎及肾结石患者不宜食用。

（6）猪心枣仁汤

【来源】《四川中药志》

【组成】猪心1具，茯神15 g，酸枣仁15 g，远志6 g。

【制法与用法】将猪心剖开，洗净，置砂锅内，再将洗净打破的枣仁及洗净的茯神、远志一起放入锅内，加清水适量，先用武火烧沸，打去浮沫后，改用文火，炖至猪心熟透即成。只食猪心及汤。服食时可加精盐少许调味。

【功效与应用】补血养心，益肝宁神。适用于心肝血虚引起的心悸、怔忡、失眠等症。

【使用注意】高血压、冠心病、高脂血症等患者应慎用。

3. 气血双补

（1）十全大补汤

【来源】《良药佳馐》

【组成】人参、黄芪、白术、茯苓、熟地、白芍各10 g，当归、肉桂各5 g，川芎、甘草各3 g，大枣12枚，生姜20 g，墨鱼、肥母鸡、老鸭、净肚、肘子各250 g，排骨500 g，冬笋、蘑菇、花生米、葱各50 g，调料适量。

【制法与用法】将诸药装纱布袋内，扎紧袋口。鸭肉、鸡肉、猪肚清水洗净；排骨洗净，剁成小块；姜洗净拍破；冬笋洗净切块；蘑菇洗净去杂质及木质部分。各配料备好后同放锅中，加水适量。先用武火煮开后改用文火慢煨炖，再加入黄酒、花椒、精盐等调味。待各种肉均熟烂后捞出，切成细条，再放入汤中，捞出药袋。煮开后，调入味精即成。食肉饮汤，

每次 1 小碗，早晚各服 1 次。全料服完后，间隔 5 日后另做再服。

【功效与应用】温补气血。适用于气血两虚，面色萎黄，头晕目眩，四肢倦怠，气短懒言，心悸怔忡，饮食减少等。

【使用注意】本膳味厚偏于滋腻，故外感未愈、阴虚火旺、湿热偏盛之人不宜服用。

（2）归芪蒸鸡

【来源】《中国药膳学》

【组成】炙黄芪 100 g，当归 20 g，嫩母鸡 1 只（1500 g），绍酒 30 g，味精 3 g，胡椒粉 3 g，精盐 3 g，葱、姜各适量。

【制法与用法】将鸡宰杀后去净毛，剖腹去内脏洗净，剁去爪不用，用开水焯去血水，再于清水中冲洗干净，沥干水待用。当先净，块大者顺切几刀；葱洗净剖开，切成寸许长段；姜洗净去皮，切成大片。

把当归、黄芪装于鸡腹内，将鸡置锅内，腹部朝上，闭合剖口；姜、葱布于鸡腹上，注入适量清水，加入食盐、绍酒、胡椒粉，用湿棉纸将锅口封严。上笼蒸约 2 h 后，取出去封口纸，去姜、葱，加适量味精调味，装盘即成。

【功效与应用】补气生血。适用于气血两虚，面色萎黄，神疲乏力，消瘦倦怠，心悸头晕，脉象虚大无力，或妇人产后大失血，崩漏，月经过多者。

【使用注意】湿热内阻，或急性病期间不宜服用。

（3）乌鸡白凤汤

【来源】《中国药膳大全》

【组成】鹿角胶 25 g，鳖甲 12 g，牡蛎 12 g，桑螵蛸 10 g，人参 25 g，黄芪 10 g，当归 30 g，白芍 25 g，香附 25 g，天门冬 12 g，甘草 6 g，生地黄 50 g，熟地黄 50 g，川芎 12 g，银柴胡 5 g，丹参 25 g，山药 25 g，芡实 12 g，鹿角霜 10 g，生姜 30 g，墨鱼 1000 g，乌鸡肉 8000 g，调料适量。

【制法与用法】将人参润软，切片，烘脆，碾成细末备用。用温水洗净墨鱼，去骨。将乌鸡宰后去内脏，洗净，剁下鸡爪、鸡翅膀。中药除人参外，各药用纱布袋装好，扎紧袋口，与墨鱼、鸡爪、鸡翅一同下锅，注入清水，烧沸后再熬 1 h，备用。鸡肉洗净后，以沸水焯去血水，洗净，切成条方块，摆在 100 个碗内，加上葱段、姜块、食盐、绍酒的一半，加上备用药汁适量，上笼蒸鸡，蒸烂后出笼，择去姜、葱，原汤倒入勺内，再和上原药汁调余下的绍酒、食盐、味精，烧开，去上沫，收浓汁，浇于鸡肉上即成。

【功效与应用】补气养血，调经止带。适用于妇女体虚，神疲体倦，腰膝酸软，月经不调，白带量多，虚热，惊悸怔忡，睡卧不宁等。

【使用注意】外感未愈，湿热、痰湿较重者，不宜服用。

（4）参枣米饭

【来源】《醒园录》

【组成】党参 15 g，糯米 250 g，大枣 30 g，白糖 50 g。

【制法与用法】先将党参、大枣煎取药汁备用，再将糯米淘净，置瓷碗中加水适量，煮熟，扣于盘中，然后将煮好的党参、大枣摆在饭上，最后加白糖于药汁内，煎成浓汁，浇在枣饭上即成。空腹食用。

【功效与应用】补中益气，养血宁神。适用于脾虚气弱，倦怠乏力，食少便溏，以及血虚所致面色萎黄、头晕、心悸、失眠、浮肿等症。

【使用注意】本方甘温壅中，且糯米黏滞难化，故脾为湿困，中气壅滞，脾失健运者不宜服。

4. 补阳

（1）鹿角粥

【来源】《癫仙活人方》

【组成】鹿角粉 10 g，粳米 60 g。

【制法与用法】先以米煮粥，米汤数沸后调入鹿角粉，另加食盐少许，同煮为稀粥，1 日分 2 次服。

【功效与应用】补肾阳，益精血，强筋骨。适用于肾阳不足，精血亏虚之畏寒身冷，腰膝酸痛，阳痿早泄，不育不孕，精神疲乏；小儿发育不良，骨软行迟，囟门不合；妇女崩漏、带下；阴疽内陷，疮疡久溃不敛等。

【使用注意】本方温热，夏季不宜选用，适合在冬天服食。因其作用

比较缓慢，应当小量久服，一般以 10 天为 1 个疗程。凡素体有热，阴虚阳亢，或阳虚而外感发热者，均当忌用。

（2）枸杞羊肾粥

【来源】《饮膳正要》

【组成】枸杞叶 250 g（或枸杞子 30 g），羊肉 60 g，羊肾 1 个，粳米 60 g，葱白 2 茎，盐适量。

【制法与用法】将新鲜羊肾剖开，去内筋膜，洗净，细切；羊肉洗净切碎；煮枸杞叶取汁，去渣。也可用枸杞叶切碎，同羊肾、羊肉、粳米、葱白一起煮粥。待粥成后，入盐少许，稍煮即可。每日早晚服用。

【功效与应用】温肾阳，益精血，补气血。适用于肾虚劳损，阳气衰败，腰脊冷痛，脚膝软弱，头晕耳鸣，视物昏花，听力减退，夜尿频多，阳痿等。

【使用注意】外感发热或阴虚内热及痰火壅盛者忌食。

（3）白羊肾羹

【来源】《饮膳正要》

【组成】白羊肾（切作片）2 具，肉苁蓉（酒浸，切）30 g，羊脂（切作片）120 g，胡椒 6 g，陈皮（去白）3 g，荜茇 6 g，草果 6 g，面粉 150 g，食盐、生姜、葱各适量。

【制法与用法】面粉制成面片；羊肾洗净，去臊膝脂膜；羊脂洗净；余药相合，同入纱布袋；入锅内，加清水适量，沸后，文火炖熬至羊肾熟透，放入面片及调味品，煮熟，如常做羹食之。

【功效与应用】温肾阳，健筋骨，祛风湿。适用于肾阳虚弱，阳痿不举，腰膝冷痛或风湿日久，累及肝肾，筋骨痿弱。

【使用注意】本方偏于温燥，凡热盛阳亢者忌用，对脾虚便溏者，肉苁蓉用量不宜过大。

（4）羊脊骨粥

【来源】《太平圣惠方》

【组成】羊连尾脊骨 1 条，肉苁蓉 30 g，菟丝子 3 g，粳米 60 g，葱、姜、盐、料酒适量。

【制法与用法】肉苁蓉酒浸 1 宿，刮去粗皮；菟丝子酒浸 3 日，晒干，捣末。将羊脊骨砸碎，用水 2500 mL，煎取汁液 1000 mL，入粳米、肉苁蓉煮粥；粥欲熟时，加入葱末等调料粥熟，加入菟丝子末、料酒 20 mL，搅匀，空腹食之。

【功效与应用】补肾阳，益精血，强筋骨。适用于虚劳羸瘦，腰膝无力，头目昏暗。

【使用注意】脾胃虚寒久泻者，应减肉苁蓉；大便燥结者，宜去菟丝子。

（5）巴戟牛膝酒

【来源】《千金方》

【组成】巴戟天 100 g，怀牛膝 100 g，白酒 1500 g。

【制法与用法】将以上两物同浸于白酒中，每日早晚服 15～30 mL。

【功效与应用】温肾阳，健筋骨，祛风湿。适用于肾阳虚弱，阳痿不举，腰膝冷痛或风湿日久，累及肝肾，筋骨痿弱。

【使用注意】本方温热，凡热盛阳亢者不宜饮用，夏天勿服或少饮。

（6）补骨脂胡桃煎

【来源】《类证本草》

【组成】补骨脂 100 g，胡桃肉 200 g，蜂蜜 100 g。

【制法与用法】将补骨脂酒拌，蒸熟，晒干，研末；胡桃肉捣为泥状。蜂蜜熔化煮沸，加入胡桃泥、补骨脂粉，和匀。收贮瓶内，每服 10 g，黄酒调服，不善饮者开水调服。每日 2 次。

【功效与应用】温肾阳，强筋骨，定喘嗽。适用于肾阳不足，阳痿早泄，滑精尿频，腰膝冷痛，久咳虚喘等。

【使用注意】痰火咳喘及肺肾阴虚之喘嗽忌用。

5. 补阴

（1）清蒸人参鼋鱼

【来源】《滋补保健药膳食谱》

【组成】活鼋鱼 1 只（约 750 g），人参 3 g，鸡翅 250 g，火腿、姜片各 10 g，熟猪油、冬笋、香菇、料酒、葱各 15 g，清汤 750 g，调料适量。

【制法用法】人参洗净，切斜片，用白酒浸泡，制成人参白酒液约

6 mL，拣出人参片备用。鼋鱼宰杀后去壳及内脏，洗净，剔下裙边备用，鼋鱼肉剁成 4～6 块；沸水锅内加少量葱、姜及料酒，放入鼋鱼块烫去腥味，捞出用清水冲洗干净，沥干水。火腿、冬笋切片；香菇洗净，斜切成两半，与冬笋用沸水焯一下；葱切段，姜洗净拍破。将火腿片、香菇片、冬笋片分别铺于蒸碗底部，平铺一层鼋鱼肉放在中央，鼋鱼裙边排于周围，再放上剩余的火腿、冬笋、香菇、鸡翅及葱、姜、蒜、料酒、盐、清汤、人参白酒液，上屉武火蒸 5 小时，至肉熟烂时取出。将汤倒入另一锅内拣去葱、姜、蒜，甲鱼肉翻扣于大汤碗中。再将原汤锅置火上加味精、姜水、料酒、精盐，调好味，烧沸，打去浮沫，滤去渣，再淋入少许明油，浇入甲鱼肉碗内，人参片撒于其面上即成。单食或佐餐均可。

【功效与应用】益气养阴，补虚强身。适用于气阴不足所致的气短神疲，口燥咽干，不思饮食，潮热自汗，腰酸腿软，脉细虚数。

【使用注意】本膳宜于气阴两虚、津液亏少的虚弱患者。若阴虚火旺、阴虚阳亢者，本方力有未及，不甚相宜。湿热内盛，阳虚内寒之体慎、勿用。

（2）益寿鸽蛋汤

【来源】《四川中药志》

【组成】枸杞子 10 g，龙眼肉 10 g，制黄精 10 g，鸽蛋 4 枚，冰糖 30 g。

【制法用法】枸杞子洗净，龙眼肉、制黄精分别洗净，切碎，冰糖打碎待用。锅中注入清水约 750 mL，加入上 3 味药物同煮。待煮沸 15 min 后，再将鸽蛋打入锅内，冰糖碎块同时下锅，煮至蛋熟即成。每日服 1 剂，连服 7 日。

【功效与应用】滋补肝肾，益阴养血。适用于肝肾阴虚的腰膝软弱，面黄羸瘦，头目眩晕，耳鸣眼花，燥咳少痰，虚热烦躁，心悸怔忡。

【使用注意】阴虚内热而见潮热骨蒸，烦热盗汗之阴虚重者，本方力有不及。湿热壅盛者不宜服用。

（3）生地黄鸡

【来源】《肘后方》

【组成】生地黄 250 g，乌雌鸡 1 只，饴糖 150 g。

【制法与用法】鸡宰杀去净毛，洗净治如食法，去内脏备用；将生地黄洗净，切片，入饴糖，调拌后塞入鸡腹内。将鸡腹部朝下置于锅内，于旺火上笼蒸 2～3 小时，待其熟烂后，食肉，饮汁。

【功效与应用】滋补肝肾，补益心脾。适用于肝肾阴虚，盗汗，虚热，骨蒸潮热，烦躁，以及心脾不足，心中虚悸，虚烦失眠，健忘怔忡。

【使用注意】凡肝肾阴虚、心脾精血亏损者均可食用，但脾气素弱，入食不化，大便溏薄者，因本膳偏于滋腻，不甚相宜。外感未愈，湿盛之体，或湿热病中不宜本膳，恐致邪恋湿益。原方并曰：勿啖盐。

（4）秋梨膏

【来源】《医学从众录》

【组成】秋梨 3200 g，麦冬 32 g，款冬花 24 g，百合 32 g，贝母 32 g，冰糖 640 g。

【制法与用法】秋梨切碎，榨取汁，梨渣加清水再煎煮 1 次，过滤取汁，两汁合并备用；麦冬、冬花、百合、贝母加 10 倍量的水煮沸 1 小时，滤出药液，再加 6 倍量的水煮沸 30 min，滤出药汁，两液混合，并兑入梨汁，文火浓缩至稀流膏时，加入捣碎之冰糖末，搅拌令溶，再煮片刻。每服 10～15 mL，每日 2 次，温开水冲服。

【功效与应用】养阴生津，润肺止咳。适用于阴虚肺热，咳嗽无痰，或痰少黏稠，甚则胸闷喘促，口干舌燥，心烦音哑等。

【使用注意】梨性寒凉，凡脾胃虚寒，大便溏泄及肺寒咳嗽者不宜使用。且不宜与蟹同食，否则易伤脾胃而致呕吐、腹痛、腹泻。

（5）淮药芝麻糊

【来源】《中国药膳》

【组成】淮山药 15 g，黑芝麻 120 g，粳米 60 g，鲜牛奶 200 g，冰糖 120 g，玫瑰糖 6 g。

【制法与用法】粳米淘净，水浸泡约 1 小时，捞出沥干，文火炒香；山药洗净，切成小颗粒；黑芝麻洗净沥干，炒香。三物同入盆中，加入牛奶、清水调匀，磨细，滤去细茸，取浆液待用。另取锅加入清水、冰糖，烧沸溶化，用纱布滤净，糖汁放入锅内再次烧沸后，将粳米、山药、芝麻慢慢

倒入锅内，不断搅动，加玫瑰糖搅拌成糊状，熟后起锅。早晚各服 1 小碗。

【功效与应用】滋阴补肾。适用于肝肾阴虚，病后体弱，大便燥结，须发早白等。

【使用注意】方中芝麻重用，但芝麻多油脂，易滑肠，脾弱便溏者当慎用。

（十五）养生保健类药膳

养生保健类药膳，是指具有增强体质、改善形象、调养精神、促进智力发育、延缓衰老等作用，使生理和心理健康得到增强和维护的药膳。此类药膳是中医药膳学中最具特色的内容之一。

1. 健美减肥

（1）荷叶减肥茶

【来源】《华夏药膳保健顾问》

【组成】荷叶 60 g，生山楂 10 g，生薏苡仁 10 g，橘皮 5 g。

【制法与用法】将鲜嫩荷叶洗净晒干，研为细末；其余各药亦晒干研为细末，混合均匀。以上药末放入开水瓶，冲入沸水，加塞，泡约 30 min 后即可饮用。以此代茶，日用 1 剂，水饮完后可再加开水浸泡。连服 3 ～ 4 个月。

【功效与应用】理气行水，化食导滞，降脂减肥。适用于单纯性肥胖、高脂血症。

【使用注意】肥胖患者见有阴虚征象者不宜食用本膳，恐利水更伤阴津；若阳虚较重，则本方温阳乏力，亦不宜用。

（2）茯苓豆腐

【来源】《家庭中医食疗法》

【组成】茯苓粉 30 g，松子仁 40 g，豆腐 500 g，胡萝卜、菜豌豆、香菇、玉米、蛋清、盐料酒、原汤、淀粉各适量。

【制法与用法】豆腐用干净棉纱布包好，压上重物以沥除水；干香菇用水发透，洗净，除去柄上木质物，大者撕成两半；菜豌豆去筋，洗净，切作两段；胡萝卜洗净切菱形薄片，清打入容器，用起泡器搅起泡沫。将豆腐与茯苓粉拌和均匀，用盐、酒调味，加蛋清混合均匀，上面再放香菇、胡萝卜、菜豌豆、松仁、玉米粒，入蒸笼用武火煮 8 min，再将原汤 200 g 倒入锅内，用盐、酒、胡椒调味，以少量淀粉勾芡，淋在豆腐上即成。作佐餐食用。

【功效与应用】健脾化湿，消食减肥。适用于肥胖病、糖尿病等。

【使用注意】本膳偏于寒凉，故阳虚肥胖者不宜。

（3）参芪鸡丝冬瓜汤

【来源】《中医临床药膳食疗学》

【组成】鸡脯肉 200 g，党参 6 g，黄芪 6 g，冬瓜 200 g，黄酒、精盐、味精各适量。

【制法与用法】先将鸡脯肉洗净，切成丝；冬瓜削去皮，洗净切片；党参、黄芪用清水洗净。砂锅置火上，放入鸡肉丝、党参、黄芪，加水 500 mL，小火炖至八成熟，再余入冬瓜片，加精盐、黄酒、味精，仍用小火慢炖，待冬瓜炖至熟烂即成。单食或佐餐用。

【功效与应用】健脾补气，轻身减肥。适用于脾虚气弱型肥胖，症见体倦怠动，嗜睡易疲，食少便溏，或见头面浮肿，四肢虚胖者。

【使用注意】本膳力缓效平，应较长时间服用方有佳效。本膳减肥原理在于益气健脾，对于脾气尚健，食欲较好，或阳虚湿盛之肥胖患者不甚适宜。

2. 美发乌发

（1）蟠桃果

【来源】《景岳全书》

【组成】猪腰 2 只，芡实 60 g，莲子肉（去心）60 g，大枣肉 30 g，熟地 30 g，胡桃肉 60 g，大茴香 10 g。

【制法与用法】将猪腰洗净，去筋膜；大茴香为粗末，掺入猪腰内。猪腰与莲子、芡实、枣肉、熟地、胡桃肉同入锅，加水，用大火煮开，改为文火炖，至猪腰烂熟为止。加盐及其他调味品食用，饮汤。1 日内服完。连用 7 日。

【功效与应用】补脾滋肾，美颜乌发。适用于脾肾亏虚，精气不足，须发早白，腰酸腿软，男子遗精，女子带下。

【使用注意】凡属阳虚气弱者，可加入参、制附子。

（2）玉拄杖粥

【来源】《医便》

【组成】槐子10 g，五加皮10 g，枸杞子10 g，破故纸10 g，怀熟地黄10 g，胡桃肉20 g，燕麦片100 g。

【制法与用法】将槐子、破故纸、胡桃肉炒香，研末；将五加皮、熟地加水煎煮，去滓，留取药液；再用药液和枸杞子、麦片共熬粥，粥成后，撒入槐子、破故纸、胡桃肉末，随量食用。食用时可加入适量白糖调味。

【功效与应用】填精益肾，乌须黑发，延年益寿。适用于毛发枯焦，脱发落发，皮肤干燥，大便干结等。

【使用注意】本膳健脾之力不足，凡食欲不振、嗳气泛酸者不宜。

（3）七宝美髯蛋

【来源】《本草纲目》卷十八引《积善堂经验方》

【组成】制何首乌90 g，白茯苓60 g，怀牛膝30 g，当归30 g，枸杞子30 g，菟丝子30 g，补骨脂40 g，生鸡蛋10个，大茴香6 g，肉桂6 g，茶叶3 g，葱、生姜、食盐、白糖、酱油各适量。

【制法与用法】将上述诸料一齐放入砂锅内，加适量水。用武火煮沸，再改用小火慢煮10 min，取出鸡蛋，剥去蛋壳，再放回汤内用小火煮20 min即可。每日食2～3只鸡蛋。鸡蛋食完后，含药的卤水可重复使用3～4次，每次加入鸡蛋10只同煮。但卤水需冷藏防腐，每次煮蛋需稍加调味品。

【功效与应用】益肝肾，乌须发，壮筋骨。适用于肝肾不足所致的白发，脱发，不育等。

【使用注意】据《本草纲目》《本草衍义》等记载：服何首乌者，食萝卜则髭发白。故服用本膳期间忌食萝卜及动物血、蒜、葱等食物。

3. 润肤养颜

（1）玫瑰五花糕

【来源】《赵炳南临床经验集》

【组成】干玫瑰花25 g，红花、鸡冠花、凌霄花、野菊花各15 g，大米粉、糯米粉各250 g，白糖100 g。

【制法与用法】将玫瑰、红花、鸡冠花、凌霄花、野菊花诸干花揉碎备用；大米粉与糯米粉拌匀，糖用水溶开。再拌入诸花，迅速搅拌，徐徐加糖开水，使粉均匀受潮，并泛出半透明色，成糕粉。糕粉湿度为手捏一把成团，放开一揉则散开。糕粉筛后放入糕模内，用武火蒸12～15 min。当点心吃，每次30～50 g，每日1次。

【功效与应用】行气解郁，凉血活血，疏风解毒。适用于肝气郁结，情志不舒所致的胸中郁闷，面上雀斑、黄褐斑等。

【使用注意】本膳行气活血作用较强，故气虚、血虚、经期、孕期、哺乳期等患者忌用。

（2）小龙团圆汤

【来源】《中国传统性医学》

【组成】活甲鱼1只（约250 g），活泥鳅5～6条。

【制法与用法】泥鳅放入清水中，滴入少量菜油，使泥鳅吐出肚内泥沙，水浑即换；再滴油，至水清为止。甲鱼去硬壳，取肉。砂锅内加足水，滴入适量植物油，放入活泥鳅和鳖肉，加盖，用小火慢煮。待泥鳅死后加入少许生姜片、龙眼肉，煮至半熟时滴入少量米酒及少许醋、盐，再慢火煮熬3小时以上，至色白似乳汁时撤火。趁热连汤服食。1天之内连汤带肉分2次趁热食完。每天1次，连用10天。

【功效与应用】滋阴补肾，润肤养颜。适用于日常皮肤美容保养。

【使用注意】脾胃虚寒者不宜服用。

（3）红颜酒

【来源】《万病回春》

【组成】核桃仁、小红枣各60 g，甜杏仁、酥油各30 g，白蜜80 g，米

酒 1500 g。

【制法与用法】先将核桃仁、红枣捣碎；杏仁去皮尖，煮 4 ～ 5 沸，晒干并捣碎，后以蜜、酥油溶入酒中；随后将 3 味药入酒内，浸 7 天后开取。每日早晚空腹饮用，每服 10 ～ 20 mL。

【功效与应用】滋补肺肾，补益脾胃，滑润肌肤，悦泽容颜。适用于面色憔悴，未老先衰，皮肤粗糙等。

【使用注意】阴虚火旺，容易上火者忌服。

4. 延年益寿

（1）补虚正气粥

【来源】《圣济总录》

【组成】炙黄芪 30 g，人参 3 g（或党参 15 g），粳米 100 g，白糖少许。

【制法与用法】先将黄芪、人参（或党参）切成薄片，用冷水浸泡半小时，入砂锅煎沸后改用小火炖成浓汁，取汁后，再加水煎取二汁，去滓。将一二煎药液合并，分 2 份于每日早晚同粳米加水适量煮粥。粥成后，入白糖少许，稍煮即可。人参亦可制成参粉，掺入黄芪粥中煎煮。每日服 1 剂，3 ～ 5 天为 1 个疗程，间隔 2 ～ 3 天后再服。

【功效与应用】补正气，疗虚损，健脾胃。适用于劳倦内伤，五脏虚衰，年老体弱，久病羸瘦，心慌气短，体虚自汗，慢性泄泻，脾虚久痢，食欲不振，气虚浮肿等一切气衰血虚之证。

【使用注意】服药期间，忌食萝卜、茶叶。热证、实证者忌服。

（2）长生固本酒

【来源】《寿世保元》

【组成】枸杞子、天冬、五味子、麦冬、淮山药、人参、生地黄、熟地黄各 60 g，白米酒 3000 mL。

【制法与用法】将人参、山药、生地、熟地切片，枸杞子、五味子拣净杂质，天冬、麦冬切分两半。全部药物用绢袋盛，扎紧袋口；将酒倒入净坛中，放入药袋，酒坛口用湿棉纸封固加盖。再将酒坛置于锅中，隔水加热蒸约 1 小时，取出酒坛，候冷，埋于土中以除火毒，3 ～ 5 日后破土取出，开封，去掉药袋，再用细纱布过滤 1 遍，贮入净瓶中，静置 7 日即可饮用。每日早、晚各 1 次，每次饮服视酒量大小，一般 50 ～ 100 mL。

【功效与应用】乌须发，养心神，益年寿。适用于腰膝酸软，神疲体倦，四肢无力，唇燥口干，心悸健忘，失眠多梦，头晕目眩，须发早白等气阴两虚证候。

【使用注意】凡证属阴盛阳衰，痰湿较重者，或久患滑泄便溏者，不宜服用本膳。

（3）珍珠鹿茸

【来源】《中医饮食疗法》

【组成】鹿茸 2 g，鸡肉 100 g，肥猪肉 50 g，油菜 100 g，熟火腿 15 g，鸡蛋清 50 g，绍酒 10 g，味精（2）5 g，精盐 10 g，鸡汤 500 g。

【制法与用法】鹿茸研为细末；火腿切为薄片；油菜洗净，切成小片，用开水烫片刻，放凉水中过凉备用；鸡肉与肥猪肉均剁成肉泥，加入蛋清、精盐、味精、绍酒、适量鸡汤，调搅均匀，再加入鹿茸粉搅拌和匀。

锅内放入鸡汤，置火上烧开后，用小勺将拌好的鹿茸肉泥作小团块徐徐下入沸汤内，煮成珍珠球状。然后再放入火腿片、油菜、味精、精盐、绍酒，汤开后打去浮沫，略淋数滴香油出锅即成。佐餐食用。

【功效与应用】补气养血，生精益髓，调养五脏，滋补强壮，延年益寿。用于脏腑功能衰退，气血不足的虚劳证，症见形体消瘦、腰膝酸软、面色萎黄或产后缺乳等。

（4）九仙王道糕

【来源】《万病回春》

【组成】莲子肉 12 g，炒麦芽、炒白扁豆、芡实各 6 g，炒山药、白茯苓、薏苡仁各 12 g，柿霜 3 g，白糖 60 g，粳米 100 ～ 150 g。

【制法与用法】以上药食共为细末，和匀，蒸制成米糕。酌量服食，连服数周。

【功效与应用】健脾胃，进饮食，补虚损。用于年老之人元气不足，脾胃虚衰，虚劳瘦怯，泄泻腹胀等。

5. 明目增视

（1）决明子鸡肝汤

【来源】《医级》

【组成】决明子 10 g，鲜鸡肝 200 g，黄瓜 10 g，胡萝卜 10 g，精盐 3 g，白酒 2 g，绍酒 5 g，香油 3 g，淀粉 5 g，味精 3 g，鲜汤 20 mL。

【制法与用法】将决明子焙干，研成细末；鸡肝洗净切片，放于碗内，加精盐 1 g，香油 1 g，腌渍 3 min，然后加一半淀粉拌和均匀；黄瓜、胡萝卜洗净切片。炒锅内注油 500 g，烧至六七成热时，把肝片放入油内冲炸片刻，捞出用漏勺沥干油，锅内留少许油，放入胡萝卜、黄瓜、葱、姜、绍酒、白糖、精盐、味精、决明子末，用鲜汤、淀粉调芡入锅，再将鸡肝片倒入锅内，翻炒均匀，加蒜末、香油，出锅装盘即成。作佐餐食用。

【功效与应用】清肝明目，补肾健脾。用于肝血亏虚所致的各种目疾，如目翳昏花、雀目夜盲、风热目赤肿痛、青盲内障及肠燥便秘等；亦可用于高血压属肝阳上亢者。

（2）猪肝羹

【来源】《太平圣惠方》

【组成】猪肝 100 g，葱白 15 g，鸡蛋 2 枚，豆豉 5 g，盐，酱油，料酒，淀粉适量。

【制法与用法】将猪肝切成小片，加盐、酱油、料酒、淀粉，抓匀；葱白切碎；鸡蛋打散。备用。先以水煮豆豉至烂，下入猪肝、葱白，临熟时将鸡蛋倒入。佐餐食之。

【功效与应用】补养肝血，护睛明目。适用于老年视物昏花，以及青年近视，远视无力。

（3）杞实粥

【来源】《眼科秘诀》

【组成】芡实 21 g，枸杞子 9 g，粳米 75 g。

【制法与用法】上 3 味，各自用开水泡透，去水，放置 1 夜。次日五更用砂锅一口，先将水烧开，下芡实煮四五沸；次下枸杞子煮三四沸；又下粳米，共煮至浓烂香甜。煮粥的水 1 次加足，中途勿添冷水。粥成后空腹食之，以养胃气。或研为细末，滚水冲泡服用亦可。

【功效与应用】聪耳明目，延年益寿。适用于老人视力、听力减退，眼目昏花。

（4）芝麻羊肝

【来源】《中医饮食疗法》

【组成】生芝麻 50 g，鲜羊肝 250 g，鸡蛋 50 g，面粉 10 g，绍酒 5 g，精盐 3 g，味精 3 g，白胡椒粉 2 g。

【制法与用法】将鸡蛋打入碗中，搅匀；羊肝切成 2 分厚的大片，放入盘内，加绍酒、精盐、胡椒面、味精，腌渍片刻，再取一干净平盘，盘内撒一层面粉，然后将肝片裹上鸡蛋液，放在芝麻上，使芝麻充分粘于肝片之上，置于平盘内的面粉上。炒锅置火上，内放油 750 g（实耗油 75 g），烧至五六成熟时，把芝麻肝片放入油炸，略炸后再裹蛋液粘芝麻，逐片作业，待芝麻全部粘完，将肝片重入油锅炸熟，捞出装盘即成。佐餐食用。

【功效与应用】养血明目，滋补肝肾。适用于肝肾不足，肝血亏虚，不能上荣于目所引起的目暗昏花、夜盲、青盲、翳障等疾，以及肝肾精血不足所致的眩晕、须发早白、腰膝酸软、步履艰难、肠燥便秘等症。

【使用注意】阳虚偏重，见有畏寒肢冷、小便清长等寒象者，不宜食用。

（5）归圆杞菊酒

【来源】《摄生秘剖》

【组成】当归身（酒洗）30 g，圆眼肉 240 g，枸杞子 120 g，甘菊花 30 g，白米酒 3500 mL，好烧酒 1500 mL。

【制法与用法】诸药用绢袋盛之，悬于坛中，再入二酒，封固，贮藏 1 月余即可饮用。不拘时候随意饮之。

【功效与应用】补肾滋精，益肝补血，养心安神。适用于精血不足而致的目暗不明，头昏头痛，面色萎黄，心悸失眠，腰膝酸软。

【使用注意】本酒益肝肾补精血，用于精亏血虚之证，若为阳气不足所致的上述各症，或患湿热、痰饮等疾，则不宜服用。

（6）首乌肝片

【来源】《华夏药膳保健顾问》

【组成】首乌液 20 mL，鲜猪肝 250 g，水发木耳 25 g，青菜叶少许，绍酒 10 g，醋 5 g，精盐 4 g，淀粉 15 g，酱油 25 g，葱、蒜、姜各 15 g，混合油 500 g（实耗 75 g）。

【制法与用法】首乌用煮提法制成浓度为 1∶1 的药液，取 20 mL 备用；猪肝切成肝片；葱切成段，蒜切成片，姜切成姜末，青菜叶洗净备用。

将猪肝片中加入 10 mL 首乌汁，入盐少许，用湿淀粉一半拌和均匀。另将余下的首乌汁、湿淀粉及酱油、绍酒、盐、醋和汤兑成滋汁。

炒锅置武火上烧热放入油，烧至七八成热，放入拌好的肝片滑透，用漏勺沥去油。锅内余油 50 g，下入蒜片、姜末略煸，后下入肝片，同时将青菜叶下入锅内，翻炒数下，倒入芡汁炒匀，淋入明油少许，下入葱丝，起锅即成。佐餐食用。

【功效与应用】补肝肾，益精血，乌发明目。适用于肝肾亏损，精血不足，或年老体衰，病后体弱者，症见头晕眼花、视力减退、须发早白、腰酸腿软等。

【使用注意】本膳平补肝肾，日久方能见功，须 1 周 2～3 次，经常食用。

6. 聪耳助听

（1）磁石粥

【来源】《寿亲养老新书》

【组成】磁石 60 g，猪腰子 1 个，粳米 100 g。

【制法与用法】磁石打碎，于砂锅中煮 1 小时，滤去滓；猪腰子去筋膜，洗净，切片，以粳米加磁石药汁煮粥食。

【功效与应用】补肾平肝，益阴聪耳。用于老年肝肾不足，耳聋耳鸣，双目昏花，视力模糊等。

【使用注意】本膳偏于寒凉，脾胃虚弱者慎用。膳中所用磁石，为氧化物类矿物尖晶石族天然磁铁矿的矿石，内服过量或长期服用易发生铁剂中毒。

（2）鹿肉粥

【来源】《景岳全书》

【组成】鹿鞭5 g，鲜鹿肉30 g，鹿角胶5 g，肉苁蓉20 g，菟丝子10 g，山药15 g，橘皮3 g，楮实子10 g，川椒（1）5 g，小茴香（1）5 g，大青盐3 g，粳米150 g。

【制法与用法】将鹿鞭用温水发透，刮去粗皮杂质，洗净，密切；鹿肉剁成肉糜；鹿角胶用黄酒蒸化；楮实子煎煮取汁；肉苁蓉用酒浸1夜，刮去皱皮切细；其余药物按常法制成细末。粳米淘净，与鹿鞭、鹿肉同煮稀稠，半熟时加入肉苁蓉、菟丝子、山药末，将熟时加入鹿角胶汁和楮实子汁，稍煮，再加入橘皮末、川椒末、茴香末、盐等调味。再稍煮即成。佐餐食用，连服数日。

【功效与应用】补益元阳，滋补精血。适用于老年体衰，耳鸣耳聋，头晕目眩，腰膝无力，形寒肢冷，小溲余沥等。

【使用注意】阴虚火旺所致的耳聋耳鸣禁用本膳。肥胖痰多之人、内蕴湿热者忌服，否则有引发痈疽之弊。患有感染性疾病、发热、风寒感冒患者不宜服。服药期间忌生冷食物。孕妇忌服。

（3）磁石酒

【来源】《圣济总录》

【组成】磁石30 g，木通、菖蒲各15 g，白酒500 mL。

【制法与用法】将磁石打碎，菖蒲用米泔浸1、2日，与木通一起装入纱布袋中，用酒浸，冬季浸7日，夏季浸3日。每饮30～50 mL，每日2次。

【功效与应用】平肝清热，祛痰通窍。适用于耳聋耳鸣，如风水之声。

【使用注意】肝肾阴虚之耳聋耳鸣不宜饮用。

（4）气虚狗肉汤

【来源】《嵩崖尊生》

【组成】狗肉250 g，石菖蒲、人参、甘草各3 g，当归、木通、骨碎补各6 g，黑豆50 g，小茴香3 g。

【制法与用法】新鲜狗肉刮净皮，洗净切成块，先入沸水中烫去血水，捞出备用；黑豆用清水淘洗干净，其余药料用干净饮片。砂锅置火上，放入狗肉块和各种药料，加水适量煮熟。再放入茴香及少许食盐、姜片、五香粉同炖，炖至狗肉熟烂即成。煮好后趁热饮汤食肉，其量酌情而定。每周食1～2料。

【功效与应用】温肾壮阳，补气强身。适用于肾气虚损，阳气不足所致的耳鸣耳聋、阳痿阴冷等。

【使用注意】素体多火，阴虚内热证明显者，或兼有外感症状者，或证属阳热者，均不宜服食。服用本膳期间，忌食蒜、葱及中药杏仁、商陆。

（5）鱼鳔汤

【来源】《中华临床药膳食疗学》

【组成】鱼鳔25 g，枸杞子、女贞子、黄精各25 g，调料适量。

【制法与用法】将鱼鳔等诸味洗净，与水共煮汤，煮沸后，改用文火煎熬20 min，加调料即成。药滓加水再煎。内服，1周食2～3次。

【功效与应用】滋补肾阴，滋养肝血。适用于肝肾不足所致的各种耳疾，症见耳鸣耳聋、头晕眼花、腰腿酸软等。

（6）熘炒黄花猪腰

【来源】《家庭药膳》

【组成】猪腰500 g，黄花菜50 g，姜、葱、蒜、植物油、食盐、糖、芡粉各适量。

【制法与用法】将猪腰切开，剔去筋膜臊腺，洗净，切成腰花块；黄花菜水泡发，撕成小条；炒锅中置植物油烧热，先放入葱、姜、蒜等作料煸炒，再爆炒猪腰，至其变色熟透时，加黄花菜、食盐、糖煸炒，再入芡粉，汤汁明透起锅。顿食或分顿食用，也可佐餐服食。

【功效与应用】补肾益损，固精养血。适用于肾虚所致的耳鸣耳聋、头晕乏力。

【使用注意】本膳性偏渗利，肾气虚寒，小便过多者不宜食。

7. 益智健脑

（1）琼玉膏

【来源】《洪氏集验方》引铁瓮先生方。

【组成】人参 60 g，白茯苓 200 g，白蜜 500 g，生地黄汁 800 g。

【制法与用法】将人参、茯苓制成粗粉；与白蜜、生地黄汁一起搅拌均匀，装入瓷质容器内，封口。再用大锅一口，盛净水，将瓷器放入，隔水煮熬，先用武火，再用文火，煮三天三夜，取出；再重新密封容器口，放冷水中浸过，勿使冷水渗入，浸 1 天后再入原锅内炖煮一天一夜即可服用。每次服 10 mL，每天早晚各服 1 次。

【功效与应用】补气阴，填精髓。用于气阴精血不足所致的心悸、疲倦乏力，记忆力低，注意力不集中等。

【使用注意】本膳用于阴虚火旺者较为适宜，阳虚畏寒、痰湿过盛者不宜多食。

（2）水芝汤

【来源】《医方类聚》引《居家必用》

【组成】莲子 60 g，甘草 12 g，盐适量。

【制法与用法】莲子不去皮，不去心，炒香，碾成细粉；甘草炒后也制成细粉；再将莲子粉与甘草粉混匀。每次服用 12 g，加少许盐，滚开水冲服。

【功效与应用】养心宁神，益精髓，补虚助气。适用于调节心智，可作为智力保健的常用食品。

（3）神仙富贵饼

【来源】《遵生八笺》

【组成】炒白术、九节菖蒲各 250 g，山药 1 kg，米粉适量。

【制法与用法】白术、菖蒲用水浸泡 1 天，切片，加石灰一小块同煮熟，以减去苦味，去石灰不用；然后加入山药共研为末，再加米粉适量和少量水，做成饼，蒸熟食之。服食时可佐以白糖。

【功效与应用】健脾化痰，开窍益智。适用于痰湿阻窍所致的记忆力

减退，神思不安，悲忧不乐，头昏头晕，口中黏腻，痰多腹胀，胃纳不佳，恶心胸闷，神情恍惚，或耳中轰响，或呵欠连天等。

（4）金髓煎

【来源】《寿亲养老》

【组成】枸杞子。

【制法与用法】枸杞子取红熟者，去嫩蒂子，拣令洁净，以米酒浸泡，用蜡纸封闭瓮口紧密，无令透气。浸 15 日左右，过滤，取枸杞子于新竹器内盛贮，再放入砂盆中研烂，然后以细布滤过，去滓不用。将浸药之酒和滤过的药汁混合搅匀，砂锅内慢火熬成膏，切须不住手搅，恐黏锅底。膏成后用净瓶器盛，盖紧口。每服 20 ～ 30 mL，早晚各 1 次。

【功效与应用】填精补髓，用于老人心智衰减，体力不支，以及日常养生健体。

【使用注意】脾虚有湿及泄泻者忌服。

（5）玫瑰花烤羊心

【来源】《饮膳正要》

【组成】羊心 1 个，鲜玫瑰花 70 g（干品 15 g），食盐 30 g。

【制法与用法】将玫瑰花洗净，放小锅中，加清水少许，放入食盐，煮 10 min，待冷备用；羊心洗净，切小块，用竹签串好，蘸玫瑰盐水反复在火上烤炙至熟（稍嫩，勿烤焦）即可。适量热食或佐餐。

【功效与应用】补心安神，行气开郁。适用于心血亏虚，神经衰弱，症见惊悸失眠，郁闷不乐，记忆力减退，两胁时痛，头痛目暗，神疲食少，或胃脘不适，或妇女月经不调等。

【使用注意】心火盛或肝郁化火者不宜食用。高血压患者去食盐，或减至小量。

（6）山莲葡萄粥

【来源】《中华药粥谱》

【组成】生山药 50 g（切片），莲子肉 50 g，葡萄干 50 g，白糖适量。

【制法与用法】将前 3 味洗净，然后同放入开水锅里熬成粥，加糖食之。每日早晚温热服食。

【功效与应用】补益心脾。适用于心脾气弱所致的形体瘦弱，烦躁失眠，口燥咽干，身疲乏力，遗精盗汗，记忆力减退等。

8. 增力耐劳

（1）神仙鸭

【来源】《验方新编》

【组成】乌嘴白鸭 1 只，黑枣 49 枚，白果 49 个，建莲 49 粒，人参 3 g，陈甜酒 300 mL，酱油 30 mL。

【制法与用法】将鸭子去净毛，破开，去肠杂，鸭腹内不可见水；黑枣去核，白果去壳，建莲去心。然后将各料放鸭子腹内，装入瓦钵（不用放水），封紧，蒸烂。陈甜酒送服。

【功效与应用】健脾益精。适用于劳伤虚弱。

【使用注意】古人认为白鸭补虚，黑鸭滑中，性偏寒，故不宜用。服用本膳期间，总食木耳、胡桃、豆豉、鳖肉等。

（2）肉桂肥鸽

【来源】《中国传统性医学》

【组成】肉桂 3 g，肥鸽 1 只。

【制法与用法】将鸽子去毛及内脏，与肉桂一起加入清水，置大汤碗内，加盖，隔水炖，去肉桂滓，饮汤，食鸽肉，隔日 1 次。

【功效与应用】补益肝肾，强筋壮骨。适用于脑力劳动者因活动较少而出现的体力衰退。

【使用注意】古书记载，鸽肉能消解药力，故生病用药期间不宜服食。不宜与猪肉同食。

（3）牛骨膏

【来源】《济众新编》

【组成】黄犍牛骨（带骨髓者）500～1000 g，怀牛膝 20 g，黄酒 150 mL，调料适量。

【制法与用法】大锅中加足水，放入黄犍牛骨、怀牛膝熬煮，煮沸后加黄酒 150 mL，煎至水耗至半，过滤，去黄犍牛骨、牛膝，放入容器中，待

其凝固。凝后去除表面浮油，只取清汤。然后上火熬化，煮沸后用小火煮30 min，入姜、葱、精盐少许。随量饮用。或佐餐饮用。

【功效与应用】滋补肝肾，强壮筋骨、益髓填精。适用于肝肾不足，腰膝酸软。或用于骨损伤者的辅助治疗。

（4）附片羊肉汤

【来源】《三因极一病证方论》

【组成】羊肉750 g，生姜、煨肉豆蔻各30 g，木香5 g，制附片15 g，川椒末6 g，葱、姜各20 g，食盐适量。

【制法与用法】羊肉用清水洗净，入沸水锅中焯熟，捞出剔去骨，切成肉块，再入清水中漂去血水，羊骨打破备用。把砂锅装满水，大火烧开后加入制附片，煮约2小时，至制附片烂熟，即可加入羊肉、羊骨、煨肉豆蔻、木香、葱、姜、川椒末，再加足水，烧开后，用文火炖至羊肉熟烂，加适量盐即成。佐餐食用，每日1次，吃肉饮汤。

【功效与应用】温肾壮阳，补中益气。适用于肾虚肝寒，气血两亏，症见全身虚乏，四肢厥冷，体弱面黄，食少畏寒，大便稀溏，阳痿遗精，女子宫冷不孕，白带清稀，小腹冷痛等。

【使用注意】本膳是大辛大热之品，非寒证者切勿轻用，如内有实热，或湿热内蕴，或阴虚内热，均不可食用。外感表证亦不宜食。孕妇忌食。方中附片有毒，久煮可消除其毒性，故必须先煮60 min以上。本膳每次服用量不宜过多。

（5）三七白芍蒸鸡

【来源】《中华临床药膳食疗学》

【组成】三七片20 g，白芍30 g，肥母鸡1500 g，黄酒50 g，生姜20 g，葱50 g，味精3 g，食盐适量。

【制法与用法】将鸡处置干净，剁成核桃大块，分10份装入蒸碗内。取三七半量打粉备用；另一半蒸软后切成薄片。三七片、葱、生姜切片分为10份摆入各碗面上，加入白芍水煎液、黄酒、食盐，上笼蒸约2小时，出笼后取原汁装入勺内，加三七粉煮沸约2 min，调入味精，分装10碗即成。

【功效与应用】养血补虚，填补壮骨。适用于气血不足，体虚气弱者及产妇。

【使用注意】因三七有活血化瘀作用，故孕妇慎用。本膳性偏温，阴虚火旺，虚热口干者忌用。

（6）双鞭壮阳汤

【来源】《大众药膳》

【组成】牛鞭100 g，狗鞭100 g，枸杞子30 g，菟丝子30 g，肉苁蓉30 g，羊肉100 g，母鸡肉50 g，老生姜10 g，花椒5 g，料酒50 mL，味精3 g，猪油适量，食盐少许。

【制法与用法】将牛鞭水发后，去净表皮，顺尿道剖成两半，洗净，清水漂30 min；狗鞭用油砂炒酥，温水发透，洗净；羊肉洗净，开水略汆，入凉水漂洗。菟丝子、肉苁蓉、枸杞子3药用布袋装好，口扎紧。将牛鞭、狗鞭、羊肉入锅，加水煮沸，去掉浮沫；再加入花椒、老生姜、料酒和母鸡肉，烧开后改用文火煨炖至六成熟，滤去花椒、老生姜，加入药袋，继续煨炖至酥烂为止。将牛鞭、狗鞭、羊肉捞出，切成细丝，盛入碗中，加味精、食盐、猪油，冲入热汤即成。空腹服食。

【功效与应用】暖肾壮阳，益精补髓，增强体力。适用于肾阳虚弱所致的肢软乏力，畏寒，阳痿滑精，早泄，性欲减退；女子宫冷不孕，月经衰少，白带清稀等。

【使用注意】阳气壮盛、性欲力进者忌服；未婚青年忌服。每次食用不宜过量。

三、森林温泉养生

森林温泉养生是一种将森林环境与天然温泉相结合的养生方式，具有独特的历史沿革、养生原理、操作方法、适宜人群及禁忌和注意事项。

（一）历史沿革

温泉的历史可以追溯到很久以前。在许多国家和地区，人们很早就发现了温泉的益处，并开始利用温泉进行疗养和放松。秦始皇建"骊山汤"是为了治疗疮伤，徐福为了山海寻找长生不老药，辗转漂流到了日本和歌

贵州省
森林康养规划设计研究

山县，至今当地仍保留了"徐福"之温泉浴场。到了唐朝，唐太宗特建"温泉宫"，诗人也留下了不少创作，描写脂粉美女从温泉出浴的情形，足见中国历史悠久的温泉文化。

《水经注》中载有温泉31个，按温度的不同从低温到高温分5个等级，依次为"暖""热""炎热特甚""炎热倍甚"和"炎热奇毒"。如"炎热特甚"的温泉，可以将鸡、猪等动物的毛去掉；"炎热倍甚"能使人的足部烫烂；"炎热奇毒"泉水可以将稻米煮熟。书中还对各个温泉的特点、矿物质、生物等情况进行了比较详细地叙述，如有的温泉有硫黄气，有的有盐气，有的有鱼等。《水经注》多次提到温泉可以"治百病"，如"鲁山皇女汤，可以熟米，饮之愈百病，道士清身沐浴，一日三次，多么自在，四十日后，身中百病愈"，真实地记载了温泉的保健作用。又如"大融山石出温汤，疗治百病""温水出太一山，其水沸涌如汤"。杜彦回曰："可治百病，水清则病愈，世浊则无验"等，都说当时人们对温泉的医疗价值已有了相当的认识和研究。

（二）养生原理

1.森林环境的益处

森林中富含大量的负氧离子，这些负氧离子被称为"空气维生素"，有助于改善人体的呼吸功能，增强免疫力，促进新陈代谢。此外，森林中的植物精气也具有一定的保健作用。

2.天然温泉的疗效

温泉水中通常含有多种对人体有益的矿物质和微量元素，如氡、锂、氟、锶、钾、钙等。这些矿物质在沐浴时能够通过皮肤渗透进入人体，发挥多种生理作用。例如，它们可以改善皮肤的酸碱度，促进皮肤的新陈代谢，使皮肤更加光滑细腻；对各种皮肤病、关节炎及神经、消化等方面疾病有明显疗效；还能缓解疲劳，加速人体新陈代谢；有助于调节自律神经、内分泌及免疫系统。

138

（三）操作方法

1. 选择合适的森林温泉场所

要选择环境优美、空气清新、温泉水质良好的地方。确保温泉设施齐全、卫生条件达标。

2. 准备工作

在进入温泉之前，先进行适当的清洁，如淋浴，以保持身体的干净。同时，避免空腹或过饱的状态。

3. 温泉浸泡

（1）初次浸泡时间不宜过长，可以先尝试较短的时间，然后逐渐增加。一般来说，每次浸泡 15 ～ 20 min 较为适宜。

（2）可以选择不同温度的温泉池进行浸泡，但要注意温度的适应，避免突然进入过热或过冷的水池。

（3）在浸泡过程中，可以闭目休憩，放松身心，感受森林的宁静和温泉的舒适。也可以适度活动身体，但避免剧烈运动。

（4）可以进行多次浸泡，但每次浸泡之间要适当休息。

4. 结合其他活动

（1）在森林中散步、呼吸新鲜空气，享受森林浴带来的益处。

（2）进行一些轻松的运动，如瑜伽、太极等，增强身体的柔韧性和平衡力。

（3）欣赏周围的自然景观，缓解压力，舒缓心情。

（四）适宜人群

1. 工作压力大、精神紧张的人群

森林温泉的宁静环境和放松氛围有助于缓解压力、焦虑和紧张情绪，使人身心得到舒缓。

2. 患有皮肤病、关节炎等疾病的人群

温泉水中的矿物质对一些皮肤疾病和关节炎可能有一定的辅助治疗

作用。

3. 追求健康生活方式的人群

可以通过森林温泉养生来增强体质、提高免疫力、促进身心健康。

4. 需要康复疗养的人群

对于病后康复者，温泉的疗效和森林环境的有益因素可能对身体的恢复有所帮助。

（五）禁忌及注意事项

1. 禁忌人群

（1）患有严重心脏病、高血压等疾病的人群，在病情不稳定或未得到有效控制时，不宜泡温泉，以免加重病情。

（2）患有急性传染病的人，如流感、肺炎等，为避免传染他人和自身病情加重，不应泡温泉。

（3）皮肤有大面积创伤、溃烂或感染的人，泡温泉可能会导致伤口感染恶化。

（4）孕妇在怀孕初期和末期，尤其是有流产史或早产倾向的孕妇，应避免泡温泉，以免影响胎儿健康。

（5）对温泉水中的矿物质过敏的人，可能会出现过敏反应，不适合泡温泉。

2. 注意事项

（1）避免空腹或饱餐后立即泡温泉。空腹时容易引起低血糖，而饱餐后血液集中在消化系统，泡温泉可能影响消化功能。

（2）饮酒后不宜泡温泉，酒精会扩张血管，加上温泉的温热作用，可能导致血压下降、头晕等不适。

（3）控制浸泡时间，避免过长时间浸泡在温泉中，以免引起身体不适，如头晕、乏力等。

（4）注意温泉水的温度，避免过热或过冷的刺激，尤其是老年人和儿童对温度的适应能力相对较弱。

（5）浸泡过程中如有头晕、恶心、心慌等不适症状，应立即离开温泉，到通风处休息，并补充水分。

（6）高血压、心脏病患者在泡温泉前，最好先咨询医生的意见，了解自身状况是否适合泡温泉，并遵循医生的建议进行。

（7）注意个人卫生，使用公共温泉设施时，要注意保持清洁，避免交叉感染。

（8）泡温泉后要及时冲洗身体，去除皮肤上残留的矿物质，以免对皮肤造成刺激。

（9）补充水分，由于在温泉中会出汗，容易导致身体水分流失，所以要及时补充适量的水分，以保持身体水分平衡。

（10）避免在疲劳、生病或身体不适时泡温泉，以免加重病情或影响恢复。

（六）药浴

1. 药浴的概念

药浴，是指在中医理论指导下，将药物的煎汤或浸液按照一定的浓度加入浴水中，或直接用中药煎剂，浸浴全身或熏洗患病部位以达到防治疾病、养生延年目的的沐浴方法。药浴隶属于中医外治法的范畴。

2. 药浴的历史

药浴在我国已有几千年的历史。据史书记载，自周朝开始，就流行香汤浴。所谓香汤，就是将中药佩兰煎出的药液加入水中配制成沐浴用水。其气味芬芳，具有祛湿解暑、醒神爽脑的功效。屈原在《九歌·云中君》里就有"浴兰汤兮沐芳"的诗句。长沙马王堆汉墓出土的《五十二病方》中就有"外洗""温熨"等记载。东汉张仲景的《金匮要略》中记载了以"苦参一升，以水一斗，煎取七升，去滓，熏洗"治疗狐惑病，开辟了药浴外治法的先河。唐代王焘的《外台秘要》中记载了大量的美容药浴方。其后宋代的钱乙将药浴应用于治疗儿科疾病，扩大了药浴的治疗范围。近年来，随着"绿色疗法"的兴起，中药药浴越来越受到人们的关注。

3. 森林康养方案设计结合药浴的优势

首先，药浴作为传统疗法，能通过草药、植物或矿物质与水的结合，促进皮肤吸收，加速草药成分的吸收，从而提升生理效益，加强身体的自然康复能力，改善新陈代谢。

其次，结合森林康养的自然环境，药浴能有效促进心理放松与压力减轻。置身于自然中，参与者不仅能享受草本疗愈的力量，还能减轻日常生活压力和焦虑，有助于情绪的平衡和心理健康的维护。

最后，药浴与森林康养的结合产生综合康养效果。森林环境本身具有降低压力、改善情绪和增强免疫力的功效，而药浴作为补充，则进一步提升康养过程的整体效果，使参与者能够在身心上得到全面的健康回馈。

在设计药浴与森林康养结合的方案时，需注意以下关键因素：合适的药物选择与配比，确保安全性和疗效；提供合适的环境设置，如室内水疗设施或自然溪流，保证参与者安全和舒适；由专业医护人员或康养指导师监督和引导，确保药浴过程安全、有效，并根据个体健康状况调整疗程和药物使用。

综上所述，药浴与森林康养的结合不仅丰富了康养方案的选择，还提升了康养效果的深度和广度，为参与者身心健康带来益处。

4. 药浴方举例

（1）艾叶浴：艾叶为菊科植物艾的叶，性味辛、苦、温，有小毒，煎汤药浴能温经散寒，安胎，其芳香气味又能调畅舒缓情绪。可采用局部浸浴法，用于缓解中期妊娠皮肤瘙痒，安全有效。

（2）润肤增白浴：以白茯苓、白芷、薏苡仁、当归组方，采用全身或局部浸浴。方中白茯苓、薏苡仁可健脾利湿、增白润肤；白芷、当归则有增白消斑、活血祛瘀、香身的功效。

（3）舒络通经浴：以松节、当归、钩藤、海风藤、牛膝、木瓜组方，采用全身、局部浸浴或熏蒸。本方具有舒络通经、活血通脉之功效，可改善血液循环、消除疲劳、防治高血压。

（4）桂枝温经浴：以桂枝、赤芍、干姜、细辛、鸡血藤、红花、当归组方，采用全身、局部浸浴或熏蒸。本方具有温经通阳、散寒止痛、祛瘀通脉、祛风除湿之功效，适于长期阳气偏虚，肢体不温之人使用，同时对痛经也有良效。

（5）通痹浴：以独活、羌活、桂枝、桑枝、当归、红花、川芎、艾叶、生草乌组方，采用全身、局部浸浴或熏蒸。本方具有养血活血、祛湿通络、祛瘀止痛之功效，能防治关节痹痛、颈肩腰腿酸痛、中风后遗偏瘫等。

（6）安眠浴：以远志、枇杷叶、龙骨、牡蛎、牛膝、夜交藤、合欢花组方，采用全身浸浴或熏蒸。本方能协调阴阳、安神定志，调节改善睡眠状态，舒缓情绪，消除疲劳。

四、森林雅趣养生

雅，是高尚的、美好的、合乎规范的，不庸俗、不粗鄙之意。趣，即兴趣。雅趣养生，就是通过培养和发挥自身高雅的情趣及爱好来颐养身心的养生方法。各种富有情趣的娱乐形式，如琴棋书画、花木鸟鱼、旅游观光、艺术欣赏等，通过轻松愉快、情趣雅致的活动，在美好的生活气氛和高雅的情趣之中，使人们舒畅情志、怡养心神、增加智慧、增强体质，寓养生于娱乐之中，能达到养神健形，益寿延年的目的。

高雅的情趣活动，主要有音乐、弈棋、书画、品读、垂钓、花鸟、旅游、品茗、集藏、香熏、色彩等，皆可作为养生方法而使用。

在森林康养方案设计中融入雅集养生，能为参与者带来全方位的身心益处，是促进健康生活的重要组成部分。

（一）森林音乐养生

森林音乐养生是指人们身处森林中通过聆听音乐，在自然与音乐交融的环境中，使自己的精神状态、脏腑机能、阴阳气血等内环境得到改善，从而调养身心、保持健康的养生方法。

在音乐的多种功用中，养生保健其实是音乐的本来作用与功能，我国古人对此早有认识与总结。琴棋书画在古代被称为"四雅趣"，琴居四雅之

首，是各种美妙乐声奔流飘逸而出的工具。在修身养性方面，音乐最有力量。《史记乐书》曰："音乐者，所以动荡血脉，通流精神而和正心也。"《群经音辨》曰："乐，治也。"说明音乐能够调理精神血脉，调治身体。后来，随着音乐的高度专业化发展，人们对音乐的理解和追求却与养生保健逐渐脱离，音乐的实用价值日渐被人们所忽视。今天，随着人们健康意识的普遍增强和科学技术的快速发展，音乐对人类生存本身的意义又逐渐被人们重新认识和重视，音乐的养生保健作用日益突显。

在森林康养方案设计中融入音乐养生，能够显著提升康养效果，促进身心健康。音乐作为一种艺术形式，具有独特的疗愈功能，与森林环境相结合，更能发挥其最大功效。

首先，森林环境中的自然声音，如鸟鸣、水流声和风声，本身就具有镇静和舒缓情绪的作用。将音乐养生引入其中，可以进一步增强这一效果。音乐能够通过节奏、旋律和和声，直接影响人的神经系统，调节心理状态，降低压力和焦虑感，提升整体幸福感。

其次，音乐在森林康养中的应用可以多样化。例如，设置露天音乐会场地或音乐冥想区域，组织参与者进行音乐冥想或聆听音乐活动。在这种自然的环境中，人们可以更加专注地聆听音乐，从而达到深度放松和内心平和的效果。森林中丰富的负氧离子和清新空气也有助于增强音乐疗法的效果，使人身心更容易接受和感受到音乐的治愈力量。

最后，还可以设计音乐创作和即兴演奏的活动，让参与者在自然中释放创造力和情感。通过集体音乐活动，如合唱或乐器演奏，不仅能够促进社交互动，还能培养团队合作精神，增强参与者的归属感和满足感。

总之，音乐养生在森林康养方案中的应用，能够充分利用自然环境的优势，通过音乐的疗愈力量，全面提升参与者的身心健康，提供一个独特而有益的康养体验。

1. 养生机理

《黄帝内经》探讨了音乐与人体生理、病理、养生益寿及防病治病的关系。认为角为木音通于肝，徵为火音通于心，宫为土音通于脾，商为金音通于肺，羽为水音通于肾，阐明了五音、五行和五脏的内在联系。《晋书乐上》说："闻其宫声，使人温良而宽大；闻其商声，使人方廉而好义；闻其角声，使人恻隐而仁爱；闻其徵声，使人乐养而好施；闻其羽声，使人恭俭而好礼。"说明音乐能影响感情变化。

现代研究也表明，音乐对于促进心血管系统和消化系统功能，缓解肌肉紧张和神经紧张都有良好的功效。如果能够根据自己的爱好选择性欣赏一些美妙的音乐，对于调整情绪、缓解压力，消除抑郁确有好处。

森林中富含大量的负氧离子，这些负氧离子能够改善人体的心肺功能，增加氧气供应，提高身体的活力和耐力。同时，森林中的绿色植物能够吸收空气中的有害气体和粉尘，释放出清新的氧气，改善空气质量，使人呼吸更加顺畅。

当在森林中聆听音乐时，两者的效果相互叠加和增强。森林的宁静和自然声音，如鸟鸣、风声、树叶沙沙声等，与音乐形成了一种和谐的背景音。这种多维度的声音环境能够更有效地分散人们的注意力，让人从日常的压力和烦恼中解脱出来。

从心理层面看，森林的广阔和美丽能够唤起人们内心深处的积极情感，如宁静、喜悦和敬畏。而音乐则进一步激发和强化这些情感，帮助人们释放内心的压抑和负面情绪。

2.养生要领

（1）五音调脏：①养心宜徵调式乐曲。心为五脏六腑之主，精神之所舍。如果生活和工作压力大、睡眠减少及运动过少等不良因素长期作用，就会伤害心气，引起心慌、胸闷、胸痛、烦躁。徵调式乐曲活泼轻松、欢快明朗、惬意宣泄，代表曲如《紫竹调》《百鸟朝凤》等，对调理心脏功能有较好效果。②养肝宜角调式乐曲。如果长期被一些烦恼的事情所困扰，会逐渐引起肝气郁结，引起抑郁、易怒、乳房胀痛、口苦、痛经、眼部干涩、胆怯。角调式乐曲亲切爽朗、柔和甜美、生机盎然，代表曲如《胡笳十八拍》《蓝色多瑙河》等，有利于平调旺盛的肝气，起到疏理肝气的作用。③养脾宜宫调式乐曲。脾胃为后天之本，气血生化之源，是人体的能量来源。饮食不节、思虑过度等常损害脾胃之气，引起腹胀、便溏、口唇溃疡、肥胖、面黄、月经量少色淡、疲乏、内脏下垂等。宫调式乐曲沉静稳健、辽阔厚重、悠扬绵绵，代表曲如《十面埋伏》《鸟投林》等，有助于调节脾胃功能。④养肺宜商调式乐曲。肺主气，司呼吸，主管人体气体交换，与环境直接相通。环境污染，空气质量下降，各种病邪容易袭肺，引起咳嗽、吐痰、鼻塞、气喘。商调式乐曲高亢昂越、激愤悲壮，铿锵雄伟，代表曲如《阳春白雪》《黄河大合唱》等。在这类音乐旋律中，不断调理呼吸，能起到调补肺气，促进肺的宣发肃降作用。⑤养肾宜羽调式乐曲。肾藏元阴元阳，是人体精气的储藏之所。当人体精气较长时间耗损，会引起面色晦暗、形寒肢冷、小便清长，腰酸膝软、性欲低等。羽调式乐曲清纯温婉，潺潺流淌、阴柔滋润，可调理肾气。代表曲如《梅花三弄》《汉宫秋月》等，欣赏此类乐曲，可以促长肾中精气。

（2）以情胜情

根据五行、五志、五音的相制关系，可利用具有某一种情绪的音乐来制约人体另一种偏盛为害的情绪，使情绪恢复正常。昂扬活泼、欢快明朗的音乐能帮助人们消除愁思忧虑，如《蓝色多瑙河》《春之声圆舞曲》等角调式乐曲可以制约思虑，《溜冰圆舞曲》《喜洋洋》等徵调式乐曲能够减缓忧愁。云淡风轻、凄美滋润的音乐能帮助人们舒缓烦躁愤怒，如《梁祝》《汉宫秋月》等羽调式乐曲能够缓和克制急躁情绪，《江南好》《威风堂进行曲》等商调式乐曲可以制约愤怒情绪。

（3）顺情疏调

利用承载某一种情绪的音乐来帮助人体宣泄和调整同一种偏盛为害的情绪，如人在悲伤时，不妨听听《二泉映月》。乐曲委婉连绵而又升腾跌宕地倾诉着作者阿炳坎坷的人生故事，和悲愤、哀痛、不屈的内心情绪，听者内心的悲凉也会在情绪共鸣和情境比较中，随之得到宣泄与调节而渐趋平静。

3. 注意事项

要达到比较好的养生效果，首先应当营造一个良好的环境。选择静谧、优雅、空气清新的森林环境，泡上一杯茶，排除心理上的紧张烦乱情绪，使用高保真音响播放音乐。应选择适当的时间段，如在起床、午休或就寝时，可用作背景音乐，闭目养神，静心体味。最好能安排比较固定的时间段，使音乐能有规律地对身体机能产生作用。需要的是坚持不懈的恒心，才能收到效果。

欣赏音乐时，只要能清晰入耳，音量的大小，对人体的良性作用只有很小的区别，但太大的音量却具有不良作用，甚至变成一种噪声，给身体带来不适。

不同体质、不同身体状态的人对音乐的感受不同，除上面所谈到的五音调脏、以情胜情、顺情条达外，音乐种类的选择主要要根据自己的体验。不论高雅的古典音乐还是通俗质朴的大众音乐，只要能让欣赏者感到身心舒畅，能很快地调整心情，一般来说，那就是其适合的音乐。

还需注意空腹时忌听进行曲及节奏强烈的音乐，会加剧饥饿感；进餐时忌听打击乐，打击乐节奏明快，铿锵有力，会分散对食物的注意力，影响食欲，有碍食物消化；生气忌听摇滚乐，怒气未消又听到疯狂而富有刺激性的摇滚乐，会火上加油，助长怒气；睡眠时上面几种音乐也不宜，会使人情绪激动，难以入眠，特别是失眠人群，更不宜听这类音乐。轻靡淫逸之音，会使人神废心荡，为了健康向上，当忌收听。

养生所涉及的"音乐"，不仅指人类创作的情感音乐，也包括自然界各种美妙的天然之音，如鸟鸣、松涛、流水之音。聆听音乐是音乐养生的主要方式，但不是音乐养生的唯一方式。以五音调脏、以情胜情、顺情条达的音乐养生要领为指导，主动参与音乐的演奏、表演、创作等，也会收到良好的养生效果。

（二）森林弈棋养生

弈棋养生源于古代文化传统，强调智慧与策略的运用。在静谧的森林环境中，参与棋局可以帮助人们放松身心，培养思维集中和决策能力。弈棋过程中的战略思考和计划能力训练，有助于增强个体的逻辑思维和问题解决能力。

森林康养方案中融入弈棋养生，具有多方面的优势，有助于促进身心健康的全面提升。森林的环境优势，如清新的空气、负氧离子和自然的美景，能够提升人的心境和情绪状态，使参与者更容易投入棋局中。弈棋不仅是一种休闲方式，更是一种与自然亲近的方式，有助于减轻压力和焦虑感，促进心理健康。

在森林康养方案设计中，可以通过设置棋牌室或露天棋局区域，为参与者提供专业的棋艺指导和交流平台。组织弈棋比赛、围棋讲座或集体对局活动，不仅可以增加社交互动，还能丰富森林康养的体验内容。

1. 养生机理

弈棋需要心无杂念，精神集中，全神贯注于棋局，谋定而动，在凝神屏息间获得气功样的调心、调息效应。棋局变化使人精神有弛有张，人体的气血津液、脏腑经络在张弛之间也会得到有益的调整。弈棋可以洁心涤虑，消除烦恼，安神养身。

通过弈棋有利于培养温和有礼、谦虚谨慎、不急不躁、沉着冷静的良好性情，以及积极进取、排除万难、努力获胜而又不被胜败所乱的定力修养。棋如人生，人生如棋，下棋可以醒悟人生，磨炼心性。

下棋是一种积极的脑力活动，布局对垒是思维的较量、智力的角逐。开局、中局、残局，棋盘上的形势瞬息万变，要求对弈者全力以赴，开动脑筋，审时度势，以适应不同的棋局变化。下棋是智力"体操"，经常操练，能锻炼思维，保持智力聪慧不衰。特别是中老年人，经常弈棋可以活跃脑神经，防止老年性痴呆。

与棋友会棋，切磋技艺，在谈笑风生中释怀解闷、忘却病痛，收获友情、收益快乐。特别是中老年人，下棋作为一种活动，可排遣孤独寂寞，可使生活有趣味、精神有寄托、与他人有互动、与社会不脱离，从而有利于身心健康。

2. 养生要领

首先，要选择适宜自己的棋类弈棋。从对心脑的作用强度来说，弈棋可分为简单类和复杂类。简单类如对弈跳棋、军棋、五子棋等，复杂类如对弈围棋、中国象棋、国际象棋等。前者弈棋时间短、所需条件少、游戏功能明显，后者弈棋时间长、条件要求较多、思维锻炼突出。由于象棋、围棋等复杂棋类变化无穷，永远能给人新鲜感，胜之不易，能够较好地修养心性，故较适合养生对弈选择。但每个人的爱好、体质和时间等不同，故更应结合自己的实际情况而选择适宜的棋类弈棋。

其次，要选择良好的下棋环境。一局棋的胜负，往往难以在短时间内决出，对弈双方会较长时间处在一种环境中，因而要选择良好的环境，以使身心舒适。一般来说，可选择在棋室或家中对弈，这样能方便地获取茶水、点心，增加对弈舒适度。若在户外对弈，夏天可在树荫之下，凉爽而不受暴晒；春秋季节宜选择风小之时，避风、避寒而弈；冬天应避免在户外对弈。棋具要齐备协调，弈者坐具要高低软硬适度，体位要舒服自然。

再次，要选择水平相当的棋友。下棋既是一种雅趣，也是一个学习提高的过程，因此与水平相当或稍高的棋友下棋，才能更好地提高自身的棋艺。若总是与水平低的棋友下棋，胜利得来太易，对棋的热情反而会很快消退。

最后，利用棋局间隙活动身体。在对弈过程中，双方往往都会长时间处在一种姿势，直至棋局结束。这样不利于周身气血的流通，尤其对于深蹲或坐低凳弈棋的人，时间过长会使下肢静脉血液回流不畅，出现下肢麻木、疼痛等感觉。骤然站起还会引起直立性低血压，老年人甚至会因此而危及生命。所以弈棋期间，可在等待对方落子的间隙起身稍作活动，适当的站立、伸腿，活动颈、肩、腰、臂，保持良好的气血循环。

3. 注意事项

下棋固然是有益的活动，但不掌握适度，以致废寝忘食，反而有损于健康，故而应注意以下几点：

（1）饭后不宜立即弈棋：饭后应稍事休息，以便食物消化吸收。若饭后立即面对棋局，必然会使大脑紧张，减少消化道的供血，导致消化不良和肠胃病。

（2）不要得失心过重：两军对垒，总会有输有赢，不要因为棋局的输

赢而过分激动或争强好胜，要有一笑对输赢的宽阔胸怀，不计较得失，以探讨技艺为出发点和目的，才能心平气和。过度激动易伤身，尤其对老年人十分有害，往往可诱发中风、心绞痛。

（3）不要挑灯夜战：下棋时间要适度，尤其是老年人生理功能减退，容易疲劳，且不易恢复，若夜间休息减少，身体抵抗力下降，容易发生疾病。更不要嗜棋与赌棋，否则多因贪心和痴迷而致无节制，既易伤害身体又易丧失品行，非常不利于身心健康。

（4）不宜弈快棋：所谓快棋，就是下棋速度快，每一步有时间限制。它虽能锻炼人的思维敏捷性，但较耗费心神，尤其对老年人和患有心脑血管疾病者不适宜。

（三）森林书画养生

书指书写，画指绘画，是通过凝神静气，心神专注于书法绘画中，用以陶冶性情、活跃心智、愉悦心情的一种养生方法，是传统的养生方法之一。

中国书画，特别是书法，是汉字独有的、具有浓郁民族特色的艺术表现形式。汉字的书写不仅是一种表意的方法，而且通过对字的不同书写手法，创造出了一种独特的艺术。几千年传承的书法，无论楷书、行书，还是草书、隶书等，其神韵、美妙都足以令人神往。无论是临摹学习，还是信手挥毫，都能让人获得心旷神怡的良好心境。书画同源，书者与画者心情同境。

森林康养方案设计中，融入书画养生，能有效提升疗效，使身心受益更深远。

书画养生，源于文化传承，强调"动笔养心，静心养生"。在宁静的森林环境中，书写或绘画，可帮助人们远离喧嚣，静心感受自然之美，抒发内心感受。

森林的负氧离子、清新的空气、自然的景观都能激发创作灵感，提升精神状态。书画技艺的学习，能提升审美能力、手眼协调能力和专注力。同时，书画作品本身也具有观赏价值，可作为记录养生过程、留下美好回忆的载体。

方案设计中，可将书画与森林资源巧妙结合，如在森林小径旁设置写生场地，邀请书法家或画家现场作画；组织主题性的绘画比赛或书法研讨会；在森林深处设置静谧的书画室，供人们沉浸式书写或绘画；可根据不同人群需求，选择不同的绘画或书法课程，如水墨画、国画、书法入门等，打造个性化的养生体验。

《老老恒言消遣》中说："笔墨挥洒，最是乐事。"在生活中经常练字或作画，融学习、健身及艺术欣赏于一体，是养生的良好途径。

1. 养生机理

（1）书画可调血气，通经脉：宋代陆游有"病体为之轻，一笑玩笔砚"之名句。写字作画必须集中精力，心正气和，自如地运用手、腕、肘、臂，从而调动全身的气和力。这样，就能通融全身血气，身体内气血畅达，五脏和谐，百脉疏通，使体内各部分功能得到调整，大脑神经兴奋和抑制得到平衡，精力自然旺盛。

（2）书画活动可以静心宁神，使心理达到恬静：书画作者在创作过程中往往注意力高度集中在构思上，运笔时呼吸与笔画的运行自然地协调配合，形成了精神、动作、呼吸三者的和谐统一关系，对人的身心健康、神经系统和心肺等脏腑均能起到调节作用。古人常说"书为心画"，所谓心画就是指一种精神境界。绝虑凝神，志趣高雅，便能以"静"制"动"，消除紧张焦躁，变得遇事沉稳淡定。

（3）书画创作是一个培养高尚情操的理想行为：在书画创作中体现出来的高尚情操古人称"书卷气"。这种书卷气又使书画娱乐的境界提高，从而增强了书画养生中的智慧含量和解郁力量。

（4）书画也是一种防病、治病的手段：在心理方面，楷书能除烦，隶书使人恬静，行草使人激情，所以，有人称书法是纸上进行的气功和太极拳。写字要求凝神静虑，全神贯注，心平气和，意沉丹田，气运形体，灵活地运动手、腕、臂以至全身，这就会使全身气血得到疏通，体内各部机能得到柔和的调整，促进血液循环和新陈代谢。

2. 养生要领

习书作画要头部端正，两肩平齐，胸张背直，两脚平放，这样才能使全身松紧有度，才能在书画时养成良好的习惯，也不至于太疲倦。古人就有"肩欲其平""身欲其正""两手如抱婴儿""两足如踏马镫"的严格要求。

作为一种养生方法来习字绘画，要有规律地进行，最好制定一个时间表，坚持下来，才能达到书画技艺方面的提高，又有养生延年的收获。

作书绘画必须有平静的心态，烦躁激动都难以入静，起不到养生的效果。中国书画都特别注重追求意、气、神，意指意境，气指气势，神指神韵。既要求书画时要静息凝神，精神专注，也要求全神贯注于笔端，令作品体现出自身的气势和神韵。习书时心要完全静下来，排除一切杂念，思想高度集中。

3. 注意事项

劳累之后或病后体虚，不必强打精神，勉力而为，本已气虚，再耗气伤身，会加重身体负担，不易恢复。

大怒、惊恐或心情不舒，不宜立刻写字作画。此时气机不畅，心情难静，很难写出好字、绘出好画，会使情绪更糟，影响身体。

饭后不宜马上写字作画。饭后伏案，会使食物壅滞胃肠，不利于食物的消化吸收。

（四）品读养生

品读养生是指以读鉴诵唱为主要方式的养生方法，包括品读诗文、吟诵歌赋、品鉴书画、学唱戏曲等。人类在几千年的历史中积淀了无数的文化精品，都是可以用来品鉴养生的优秀资源。品鉴它们，能丰富知识、增长智慧、涵养德行、陶冶情操、优化生活，归根到底在于养心。在养心这一点上，传统诗书词画和养生有着共同的追求与效应。

森林康养方案设计中，品读养生可谓锦上添花，能有效提升整体疗效。品读养生，强调以文会道，领会自然之道，进而修养身心。在宁静的森林环境中品读养生书籍，可帮助人们放下生活压力，陶冶情操，静心体悟自然之美。同时，结合森林资源，可融入观赏、鉴赏、体验等活动，使养生理论更加生动形象，加深理解。

森林的负氧离子、清新的空气、自然光线等都能促进身心放松，改善睡眠，增强免疫力。与养生读物的结合，可更深入地调理身心状态，达到养生目的。例如，品读中医养生，结合森林散步、草木闻香等，有助于提升能量、调节情绪，达到"心静自然"的境界。

可根据不同的需求，选择不同的养生书籍、创作主题活动，如诗词词牌吟读、中医养生讲座、传统文化体验等，营造沉浸式养生体验，赋予森林康养更深层次的文化内涵。

1. 养生机理

（1）读书具有养心怡神的作用：古今各种优秀的文化成果，无论是诗词、书画，还是散文、小说，那些深远的意境、广阔的世界、鲜活的故事、优雅的情趣、激扬的精神、深邃的哲理，都能使人心醉神迷、怡然自得、精神欢畅、心灵和谐。

（2）读书能培养气质：健康的身体需要有健康的心态，良好的素质，很重要的途径就是品读欣赏前人今人的文化成果。"腹有诗书气自华"其实就是一种优雅的精神气质、一种良好的精神境界、一种优秀的心理素质。这种"气自华"是因为"腹有诗书"，是欣赏阅读大量的书画诗词的结果。

（3）读书能调整情绪：春秋时期的政治家管仲就曾说过，"止怒莫若诗，去忧莫若乐"。（《管子·内业》）一书在手，受苦而不悲，受挫而不馁，受宠而不惊，如闲云野鹤，能保持着一种雍容闲雅，潇洒达观的境界。

（4）读书可延缓衰老：中国古代养生家认为，书卷乃养生第一妙物。人的衰老，首先是脑的衰老。大脑用则进，不用则退。读书可使脑功能得到锻炼，预防老年性痴呆，从而提高老年人的生活质量。读书还可获得养生保健知识，更有益于健康长寿。

2. 养生要领

（1）建立品读养生的信心：对诗词书画、妙文博论的爱好和欣赏并不是学者的专利，也并不是闲来无事的浏览，而是人人都需要读书。因此，

要了解和相信品读的养生效果,坚定信念。特别是老年人,离开工作岗位后,生活中突然缺失了工作环节,会有一段时间的不适应和茫然。如果用读书来填补这一空缺,对一些老年性的生理退化,如老年性痴呆等,都有较好的养生作用。

(2)品读有益身心的书画:品读内容需要选择,要选择有益身心的优秀文化成果,有计划地购置积累,并时常玩味。"有益身心"的书画应当内容广泛,不仅局限于一种一类,可有书法的鉴赏,名画的品鉴,名著的咀嚼,诗词的朗诵,等等。从不同的艺术角度去品味,才能有益于养生。

(3)要读出兴趣、读出营养:养生的读书品画,不能如过眼云烟,蜻蜓点水。一部好的作品,需要仔细品味,反复吟咏,甚至熟读成诵,铭记于心,才能真正领会到作品的精彩,读出兴趣,吸取到营养。书法的秀美飘逸、雄浑豪迈,需要细细欣赏;诗词的激扬豪壮、凄婉缠绵,需要慢慢咀嚼;文章的潇洒激越,需要反复领会。

(4)养成读书品画的习惯:书画欣赏是一种高雅的情趣,并不是所有人都有这样的爱好,大多需要自我培养,持之以恒,才能养成一种勤读书、善品鉴、会欣赏的习惯,才能登堂入室,进入养生的境界,收到养生的效果。

3. 注意事项

品读具有良好的养生效果,但也要注意正确的品读习惯,否则达不到养生的目的。

(1)要处理好精读与泛读:养生品读的内容不仅局限于通俗流行的小说故事、唐诗宋词、书法画卷、散文哲学,古今中外各种优秀文化成果都应纳入养生品读的范围,才能广泛获取精神营养。细细咀嚼,反复品味,品出了其中的真味,发现了其中的真趣,才能收到良好的养生效果。但需注意,品读虽需广博但不是没有侧重,虽需精读但不是没有泛读。由于每个人的时间、精力有限,能力、爱好有别,因此,要根据自己的实际情况处理好博与专、精与泛的关系。

(2)要养成正确的品读行为:如制定一个适合自身的品读时间表,持之以恒；饭后先活动一会儿再开始品读，使气血流通；不宜长时间坐着不动，要注意调节肢体活动；不宜单一进行某一种活动，要适当地改换姿势，如极目远眺，伸腰动腿，听听音乐，或者更换另一种养生方法；注意良好的体位，躺在床上、蹲在马桶上均不宜长时间阅读，容易阻滞气血流行；同时避免在强光下读书，保护眼睛。

（五）垂钓养生

垂钓养生是指通过钓鱼为主的野外活动，以得到恬淡凝注、悠闲清爽心境的养生方法。钓鱼是我国一项古老的文化传统，"姜太公钓鱼，愿者上钩"中的姜子牙，距今已有数千年，柳宗元"孤舟蓑笠翁，独钓寒江雪"的诗句脍炙人口。自古以来，垂钓就是人们所喜爱的活动。"要使身体好，常往湖边跑"，这是人们通过长期垂钓实践总结出来的一句名言，尤其对久病康复、年老体弱者是一种积极的修身养性、益智养神的好方法。

在森林康养方案设计中，垂钓养生的作用是独特且重要的。不仅提供了身体上的放松和活动，还通过其独特的心理和社交价值，为参与者带来了全面的身心健康益处。

1. 养生机理

（1）强身健体：垂钓于江海湖塘，空气清新，阳光充足，避开污染，没有噪声，有花丛蝶飞，有山水相依，这样的环境本身就是养生保健的良好因子。含氧充足的空气会使垂钓者头目清爽、机体产生各种良好的生理反应；日光紫外线的适度照射，会增强垂钓者皮肤和内脏器官的血液循环，促进机体的新陈代谢，可使其获得健美的皮肤、红润光泽的面容，有助于保持良好的身体功能；环视苍山，远眺绿水，对视力有很好的保护与恢复作用；经常到清幽空旷的水域垂钓，可远离噪声污染，消除双耳疲劳，对听觉亦有良好的保养与恢复功效。另外，无论是垂钓路途的往返，还是垂钓过程中的甩竿、投食、蹲、站等，也都是很好的户外体育锻炼，对身体健康都有着积极的意义。

（2）宁神静心

心神的静谧对人体阴阳气血的运行调理非常重要。垂钓在青山绿水、

薄雾缭绕之中，挥竿于江河湖畔，眼神专注着浮漂的动静，会自然而然地忘却各种杂念，达到心神安宁。王维《万山潭作》诗中"垂钓坐磐石，水清心亦闲"，展示的就是一幅悠闲淡泊、闲适安详的美态。而垂钓归来，精神松弛，心舒体倦，又可获得香甜一梦，醒来一身轻松。许多失眠患者通过钓鱼而能安眠就是最好的说明。因此，垂钓是宁神静心、保持心理健康的好方法。

（3）移情易性

人的心境情绪常受外界环境的影响，或浮躁，或激愤，或消沉，久而久之，还会引起性格的变化。垂钓环境的清幽，垂钓所需要的专注，守候浮漂的雅致悠闲，得鱼的愉悦，都可以移浮躁于淡定，转激愤于悠闲，化消沉于平和，融入自然，净化身心，达到移情易性的效果。

2. 养生要领

（1）备品适度：诱饵、渔具等垂钓所需之物，食物、饮料、雨具、衣着等补给防护之品，清凉油、碘酒、常用药等药品，要齐全而不过量，缺之少之则满足不了所需，多之则携带不便又造成浪费。

（2）气候适宜：最好在天气暖和，气候宜人的时间从事垂钓。天气太热容易中暑，出汗太多对心脑血管患者均不适宜。天气太凉鱼不愿咬钩，垂钓者也容易着凉受寒而发病。

（3）环境适宜：最好在周围环境优美宁静、水域宽阔、水质清洁、安全无危险的地方投竿垂钓。周边环境不良、水源污染、孤岛陡岸、蜂飞虫行之地，都不适宜垂钓。

（4）钓位适宜：钓位的选择非常重要，一般都要选在鱼的栖息地、觅食区或洄游通道处。不同季节、不同鱼类，其活动规律是不同的。"春钓滩、夏钓潭、秋钓荫、冬钓草"的谚语，就是人们对不同季节理想下竿位置的总结。

3. 注意事项

（1）得失心不要太重：垂钓不要为鱼而钓，要为钓而钓，才能放下功利而放松心情。以悠闲娱乐、愉悦身心为主，有收获固然可喜，空手而归也无需失落，把垂钓的良好心境作为最大的成果，才是养生的要领。

（2）把握自身的健康状态：垂钓活动常常需要较长的时间，因此要正确估计自身的健康水平，选择自己喜欢的垂钓场所和感觉舒适的气候环境，不要勉强自己，以防意外发生。

（3）尽可能不独出："孤舟蓑笠翁，独钓寒江雪"固然是一种意境、一道风景，但孤身独钓并不利于养生，特别是中老年人，无论身体的意外，还是气候环境的突变，都需要有钓友相伴，相互关照。故而，选择性情脾气相宜的钓友，既可相互照应，又可闲谈交流，于悠闲中获得一份感情的深化。

（4）加强安全防护：注意观察、小心操作，避免蜂蜇蛇咬、钓钩刺人等各种不良意外发生。穿着佩戴防晒服、遮阳帽，条件允许的话携带遮阳伞，防止太阳灼伤皮肤，又可防骤然雨至。垂钓者，尤其以蚯蚓为鱼饵者，更要特别注意手的卫生。如手直接接触鱼饵则可能污染自用食物与饮水，可能患上寄生虫病。

（六）品茗养生

品茗养生是指在品尝茶饮的过程中，享受茶茗的韵味、茶友交流的乐趣、饮茶趣谈的氛围，从而获得养生益寿的效果。

茶是我国古代日常生活中最主要的饮料，与咖啡、可可被公认为世界上三大天然饮料，而以茶叶的饮用流传最广。中华茶文化历史悠久，内涵丰富，有养生之道，亦有崇高的人文追求，堪称世界之最、中华国粹。唐代学者刘贞亮认为茶有十德：以茶散郁闷，以茶驱睡气，以茶养生气，以茶除病气，以茶利礼仁，以茶表敬意，以茶尝滋味，以茶养身体，以茶可雅心，以茶可行道。在咏茶诗词中，最为绚烂者当为唐代诗人卢仝的《七碗茶歌》，淋漓尽致地再现了作者饮茶一碗到七碗的不同意境、审美体验和心灵感悟。

古人认为真正的喝茶不为解渴，只在辨味，在"品"，体味那苦涩中一点回甘。品茗固然可以独享，但更多的则是茶友的共同品赏，才能品出个中的真味，达到养生的境界。

在森林康养方案设计中，品茗养生是一个非常重要的组成部分。它不仅能够给人身心带来积极影响，还能够传承中国传统文化，促进人与自然的和谐共存。因此，将品茗养生融到森林康养方案中是非常必要和重要的。

1. 养生机理

（1）提神醒脑：茶有提神醒脑的功效。对于健康长寿者来说，饮茶更是功不可没。苏轼《浣溪沙》"酒困路长惟欲睡，日高人渴漫思茶"，没有茶，人就很难清醒脱困。所以疲倦、劳累、酒困之后，人们都寄望于饮茶解困、消倦、醒酒。

（2）趣谈养性：品茗"品"出个中滋味，实际上并不全在于饮茶，而在于茶友之间天南海北地聊侃，交流趣谈，从而愉悦身心。老舍的《茶馆》，以及现实生活中形形色色的茶厅茶馆，其意旨在提供休闲趣谈的场所，让人们在一杯茶中体味生活，消除烦恼，平静心绪，调整情绪。

（3）强身保健：茶能生津止渴、明目利尿、健胃解毒，可降脂减肥、抗菌消炎、抗疲劳、抗辐射、抗病毒、防癌抗癌、防治冠心病、抗动脉硬化、保护牙齿，是药食两用之品。因此，根据自身状况，经常品饮相应茶叶即可起到保健强身、防治疾病的作用。

2. 贵州茗茶资源

唐代陆羽《茶经》载："黔中生思州、播州、费州、夷州……往往得之，其味极佳。"说明遵义、黔南、黔东南不仅产茶（也是现今贵州茶叶主产地），而且茶味很美。贵州茶，拥有诸多显著优势。首先，得益于贵州独特的地理和气候条件，高山云雾缭绕，土壤肥沃且富含矿物质，为茶树生长提供了理想环境，产出的茶叶品质优良。其次，茶叶品种丰富多样，无论是绿茶，如都匀毛尖、湄潭翠芽，还是红茶，如遵义红茶等，都各具特色，满足了不同消费者的口味需求。再次，贵州茶在种植和制作过程中，注重生态环保，严格把控质量，茶叶天然无污染，富含多种有益成分。同时，悠久的种茶历史和精湛的制茶工艺传承，使得贵州茶在口感、香气和外形上都达到了较高水准。并且，随着贵州茶产业的不断发展，其品牌影响力逐渐扩大，市场竞争力不断增强，成为茶叶市场上的璀璨明珠。

（1）都匀毛尖：属于绿茶，产于贵州南部的都匀市。其外形匀整、满披白毫，芽尖细嫩且呈条索状；经冲泡后，叶底绿中显黄，香气优雅清爽，滋味甘醇浓厚，余香在口中久久不散。都匀毛尖迄今已有五百多年的历史，在明代时已被列为"贡品"进献朝廷，还曾在巴拿马赛会获得优奖。它的品质上乘，外形可与太湖碧螺春相媲美，质量堪比信阳毛尖。

（2）湄潭翠芽：原名湄江茶，为贵州省的扁形名茶。主产于贵州湄潭县，这里气候温和，雨雾日多，土壤肥沃且结构疏松，矿物质丰富，有利于茶树生长。该茶外形扁平光滑，形似葵花籽状，色泽翠绿，埋毫不露，香气醇郁，清芳悦鼻，汤色清澈明亮，滋味醇厚鲜爽，回味馥郁持久，叶底明亮鲜活。它采摘标准较为严格，通常，制 500 克特级翠片需采 5 万个以上芽头。

（3）绿宝石茶：贵州十大名茶之一的绿茶。来自海拔 1000 米以上的高原，远离污染，天然纯净。以有"健康长寿茶"美誉的凤冈锌硒茶为主要原料，通过 400 多项检测，达到出口欧盟质量标准。其采用持嫩度较好的一芽二三叶茶青为原料，确保茶叶中茶氨酸、醚浸出物、还原糖、氨糖、全果酸、叶绿素等内含物质得到较大提高，比芽茶更为丰富。加上独特的生产加工技术和揉捻工艺，使成品茶叶内的有机成分能最大限度溶出，不仅保持了鲜爽宜人的口感，更具有栗香浓郁、滋味厚重、持久耐泡、营养全面的特点，冲泡 7 次仍有茶味，被称为"七泡好茶"。具有盘花颗粒形状，颗粒重实，色泽绿润，冲泡后茶叶自然舒展成朵，嫩绿鲜活，茶香浓郁，汤色黄绿明亮，滋味鲜爽浓醇回甘。

（4）遵义红茶：红茶，产于遵义典型寡日照、低纬度高海拔山地，属亚热带季风湿润气候。其外形紧细、秀丽披毫、色泽褐黄；汤色橙红亮、带金圈，香气纯正、悠长、带果香，滋味纯正尚鲜，叶底匀嫩。该茶能刮油解腻，促进消化，对消化积食、清理肠胃有明显效果。在适宜浓度下饮用，对肠胃不产生刺激，其黏稠、甘滑、醇厚的特质可在肠胃形成保护膜，长期饮用可起到养胃、护胃作用。

（5）石阡苔茶：全国农产品地理标志，是贵州省三大名茶之一，产于铜仁市石阡县。据明万历年间《贵州通志》记载，石阡茶始于唐代，种茶、

饮茶盛于明初。其外形自然芽状、稍扁、有毫，绿润，匀整；汤色黄绿、明亮，清香，滋味鲜爽，叶底完整、嫩匀。它是当地各族茶农长期栽培选育形成的地方品种，抗逆性、适应性、产量、品质都比外地品种更胜一筹，且栗香持久，滋味醇厚，色泽绿润，汤色黄绿明亮，叶底鲜活匀整。

（6）凤冈锌硒茶：贵州省凤冈县特产，中国国家地理标志产品。采用生态建园模式，形成林中有茶、茶中有树、林茶相间的特色茶园。茶叶品质高端，特色奇绝，外形匀整紧索，色泽灰绿油润，栗香高长沁脾，滋味鲜爽润喉，汤色黄绿锃亮，叶底嫩绿耐泡。该茶富含人体所需的 17 种氨基酸和锌硒等多种微量元素，其中锌含量 40 ～ 100 mg/kg，硒含量 0.25 ～ 3.5 mg/kg。

（7）贵定云雾茶：绿茶极品，贵州历史名茶，早在元、明、清时期就成为皇家贡品。因最早产于鸟王关，曾名"鸟王茶"。其产品特色为卷曲披茸、色泽银绿、汤色绿黄清澈、香气馥郁、味浓爽、回甘力强、叶底嫩绿微黄明亮。

（8）梵净山翠峰茶：因主产于印江土家族苗族自治县境内的武陵山脉主峰梵净山而得名。具有色泽嫩绿鲜润、匀整、洁净；清香持久，栗香显露；鲜醇爽口；汤色嫩绿、清澈；芽叶完整细嫩、匀齐、嫩绿明亮的特点。

此外，贵州还有黎平雀舌、兰馨雀舌等名优绿茶，以及清池翠片、雷公山银球茶、开阳富硒茶等其他优质茶叶。贵州的亚热带高原季风湿润气候，冬无严寒、夏无酷暑、四季分明、雨热同季，得天独厚的地理环境和适宜的气候条件，为茶树生长提供了良好的自然环境，使贵州成为国内绿茶的主要产区之一。不同茶叶品种各有其独特风味和优势，可以根据个人口味和需求进行选择。

3. 养生要领

（1）养成良好的饮茶习惯：一般认为，最佳饮茶时间在上午，因为上午往往工作强度较大，需要饮茶以提振精神、提高效率。饮茶习惯的培养要循序渐进，从淡茶开始，随自身饮茶口味的加重，逐渐增加用茶量。虽然每天茶叶的适宜用量有争议，且与身体耐受度有关，但从养生角度而言，可以相对保守一些，以精神得到提振、茶叶滋味已出为度。确定茶叶量后，宜将其固定为规律，每天投放等量茶叶。饮茶种类而言，尽量固定品饮一种茶叶，如绿茶、红茶、乌龙茶等，具体品牌可以不限。在茶种之间转换时，例如将饮红茶的习惯转换成饮绿茶，则需重新建立饮茶规律。

（2）邀朋结友共品茗：品茗，最好的方式是与茶友共同品味。无论何种茶，在与茶友的共同品鉴中，其养生价值都不限于饮茶，更在品茶的乐趣，品茶中的交流。在家中以茶待友，或邀约于茶馆，一杯茶在手，一边品茶，一边品味人生，吐出腹中牢骚，抒发心胸浩气，可达到调畅情志的良好养生效果。

（3）茶具不可或缺：品茗需要特定器具，应当配备相应的茶具。江南沿海地区工夫茶的器具非常讲究，品茶也很讲究。内地和北方相对较少有那样专门的茶具，但至少要有专用的茶杯，最好是陶、瓷或玻璃杯，不锈钢和搪瓷杯并不是饮茶的好器具。

（4）茶叶选择至关重要：品茗需要选好茶叶。茶叶分绿茶、乌龙茶、红茶、白茶、黄茶、黑茶和再加工茶等。以红茶、绿茶为例，好茶叶主要表现为茶叶粗细色泽均匀、香气馥郁纯正，纯净不掺杂异物，干燥、含水量低。因选材、加工方法有异而使不同茶类呈现不同的口感特征，具有不同的养生保健作用。绿茶为不发酵茶，营养物质在各类茶叶中最高，在中国拥有最多的消费者，其味苦性寒，非常适宜夏季饮用。红茶为全发酵茶，味甘性温，尤适宜体力劳动者、产妇、老弱体虚者和冬季饮用。乌龙茶为半发酵茶，性味介于红、绿茶之间，男女老幼皆宜。因此，选茶品饮，既要考虑质量，还要根据个人喜欢、体质状况和季节，但无论红茶、绿茶、白茶、黑茶等各类茶叶，经常饮用都有益养生。

（5）用水：要讲究好茶还需好水泡。泡茶用水可选择山泉水、井水、雨水、雪水、自来水、矿泉水等。天然无污染泉水非常适宜，无污染雨水与雪水泡茶亦佳，自来水最方便。现在由于空气污染，雨水已不适合泡茶。自来水时常会有残留氯，需注意除氯，以免影响茶的味道。市售矿泉水，由于含有较多矿物质会影响茶汤口感，不一定适宜泡茶。总之，泡茶用水必须符合居民生活饮用水标准，而以软水、透明度好、无异味为宜。此外，

要沏出好茶，还要掌握好茶叶用量、泡茶水温、冲泡时间与次数等泡茶技术。

4.注意事项

（1）浓淡适宜：茶的浓淡可根据自身的喜好、饮茶时间、饮茶需要而调整，关键是要养成饮茶的习惯，才能获得品茶的养生效果。

（2）掌握品茶时间：大部分人在饱餐后、睡觉前均不宜喝茶，更忌浓茶，茶对胃黏膜和大脑的刺激作用会影响食物的消化，也会影响睡眠。空腹一般不宜饮茶。

（3）隔夜茶最好不饮：茶叶浸泡时间太长，茶水中物质溶出太多，茶汤浓度过大，饮之损人健康。特别是炎夏时节，茶水容易变质，故饮茶以新沏的为好。

（4）预防"茶醉"：所谓"茶醉"，是指由于饮茶过多或过浓，导致中枢神经兴奋过度，使人出现心悸、四肢无力、头晕、呕吐感及强烈的饥饿感等不适感觉。"茶醉"一般见于空腹饮茶或平时饮茶较少而突然饮入浓茶的人，对健康不利，因此有饮茶养生习惯者，需对其加以预防。预防措施主要是循序渐进培养饮茶习惯，不大量饮浓茶，不空腹饮茶。另外，若平时习惯于饮用中、高发酵度的乌龙茶、红茶，则品饮绿茶等低发酵或不发酵茶叶时，需注意控制饮用量及浓度。

（七）香熏养生

香熏养生是指人们通过用香、品香而舒缓情绪、舒畅精神、提神醒脑、辟秽祛邪的养生方法。香熏是中华民族绵延数千年的一道雅致风景，几经兴衰，现今，又慢慢走进人们的家居生活，成为当前较为时尚的养生法。

森林康养方案设计中的香熏养生作用主要体现在促进身心健康的多方面。香熏是通过挥发的芳香物质进入人体，对神经系统产生影响，从而调节情绪和心理状态。香熏在森林康养方案设计中扮演重要角色，通过调节情绪、改善睡眠、增强注意力和促进呼吸道健康等多重作用，有助于提升参与者的整体健康水平和生活质量。

1. 养生机理

香气馥郁弥漫，能使人精神怡然、淡定从容、净心明志，故中国唐宋之际的文人，当其读书、独处、抚琴、品茗、书画、会友之时，皆以香为友为伴，皆有香装点烘托助兴。有些香品具有润肤除尘祛邪的作用，用之可美容除病强身。大多香熏器具精致灵动可爱，其物性之美，也会点缀环境，愉悦身心。

2. 养生要领

根据个人爱好、居处环境、身体状况而选择适宜香料和香熏方法。常用的香料如沉香、檀香、乳香、丁香、麝香、冰片、苏合香、茉莉花、牡丹花、菊花、桃花、薰衣草、白芷等，常用的香熏方法有香炉熏法、药纸熏法、室熏法、香佩法、香枕法、香瓶法、香筒法等。

3. 注意事项

制作香瓶、香袋、香枕时，所用花草药物不宜太杂，应适时更换以保证有效果而无霉味。孕妇禁止使用如麝香、冰片等走窜性较强材料制作的香熏用品。有花粉、某些芳香气味过敏史者慎用香熏法。发生过敏者应立即停止使用香熏法。

总结起来，森林康养中雅趣养生的融入可以提升康养人群体验感，康养基地可以酌情选择雅趣养生内容，丰富康养活动。

五、森林研学

（一）森林研学概述

森林研学是一种在森林环境中进行的教育活动，旨在通过亲身感受、观察和体验自然，以加深学生对自然的认识和理解。

森林研学活动通常由专业人士组织和引导，包括森林导游、教育工作者和科研人员等。这些活动可以是户外探险、生态考察、植物观察、动物观察、地质探索等，旨在通过亲身参与，培养学生的观察力、探索精神和解决问题的能力。在森林研学中，学生可以通过感知自然景观、观察野生

动植物、了解自然生态系统的运作原理等方式，深入了解自然与人类之间的相互依存关系。他们还可以学习到关于森林生态系统保护与可持续发展的知识，以及森林资源的合理利用和管理等重要内容。

森林研学不仅能够增强学生的科学素养和环境意识，还可以促进学生的身心健康。在森林环境中活动可以使人们远离城市的喧嚣和压力，享受大自然的宁静与美好。森林的清新空气、天然负离子和芳香气味也有助于缓解压力、改善情绪、提升注意力和创造力。

总的来说，森林研学作为森林康养的一部分，旨在通过将教育与自然相结合，为学生提供全面的学习和成长机会，同时培养他们对自然环境的保护意识和积极的健康生活方式。

（二）森林研学主要内容

森林研学是一种以森林为背景的综合性教育活动，旨在通过深入观察和研究森林生态系统，增强学生对自然科学、环境保护和可持续发展的认识。针对不同年龄段的人群，在森林研学内容设计上有所区别。

1. 研学主题确定

确定研学的主题，例如森林生物多样性、森林生态系统功能、森林资源利用等。

2. 前期调研

了解研学地点的自然条件和环境特点，包括植被类型、动植物分布、地理位置等。

通过文献查阅、专家咨询等方式获取相关背景知识，明确研学目标和问题。

3. 研学活动设计

设计适合不同年龄段学生的研学活动，包括野外考察、实验观察、数据收集等。

活动内容应结合学生的学科背景和兴趣，注重培养学生的动手能力和科学思维。

4. 野外考察

带领学生进入森林进行实地考察，观察和记录森林中的植物、动物、昆虫等生物多样性。

引导学生了解森林生态系统的结构和功能，探索生物之间的相互关系。

5. 实验观察

设计实验项目，让学生在实验室或野外进行观察和测量，了解森林生态系统中的物质循环、能量流动等基本原理。

培养学生的实验设计和数据分析能力，提高学生逻辑思维能力。

（三）森林康养基地开展森林研学的目的和意义

1. 森林康养基地开展森林研学的人文和生态价值

（1）增强生态意识：森林作为自然界最为重要的生态系统之一，通过开展森林研学能够使人们深入了解森林生态系统的构成和运行机制，从而增强对生态环境的认识和保护意识。通过亲自参与森林的探索和观察，人们可以更直观地感受到森林对生物多样性、空气净化、土壤保持等方面的重要作用，进而培养出对自然环境的珍爱和保护意识。

（2）接触自然，放松心灵：现代社会人们普遍处于高压和快节奏的生活状态中，而森林被认为是一种自然的疗愈空间，具有舒缓压力、放松身心的功效。通过开展森林研学活动，人们可以深入融入自然环境中，呼吸新鲜空气、欣赏绿色景观，感受大自然的宁静与美丽，从而帮助人们放松心灵，调整心态，提高身心健康水平。

（3）探索科学知识：森林研学活动不仅可以让人们接触自然，还能够帮助人们了解和掌握相关的科学知识。通过开展森林研学，人们可以学习到森林生态系统的组成、物种多样性、生物相互关系、植物分类等方面的知识，拓宽视野，增长见识。同时，通过实际操作和观察，人们能够更好地理解和应用所学的科学知识，培养创新思维和科学素养。

（4）培养环境意识和团队合作精神：森林研学活动通常需要组织者和参与者共同协作完成各种任务和探索活动，这对于培养团队合作精神和沟

通能力非常有益。在森林研学活动中，人们需要相互合作、分享资源、协商解决问题，这不仅能够培养团队合作的能力，还能够增强人们的环境意识，明白个体行为对整个生态系统的影响。

总之，森林康养基地开展森林研学具有丰富的目的和意义，不仅可以加深人们对自然环境的认识和关注，促进身心健康，也能够提高科学素养和培养团队合作精神。希望越来越多的人能够参与到森林研学活动中，感受自然的魅力，保护和珍爱我们共同的地球家园。

2. 森林康养基地开展森林研学的经济价值

（1）旅游收入：森林研学活动可以吸引大量的参与者，尤其是学生、家庭和旅游团队等。这些参与者会选择在森林康养基地内住宿、用餐、购买纪念品等，从而带来相关旅游业的收入。同时，森林研学活动还可以吸引外地游客，增加当地旅游消费，为当地的旅游产业带来发展机会。

（2）饮食服务：森林研学活动通常需要提供饮食服务，包括提供简餐、饮料和小吃等。这一环节对于森林康养基地的餐饮部门来说，是一个增加收入的机会。通过提供美味的餐饮服务，可以满足参与者的需求，提高参与者的满意度，并增加基地的收入。

（3）住宿服务：森林研学活动通常需要提供住宿服务，特别是对于远道而来的学生和旅游团队而言。森林康养基地可以建设并提供各类住宿设施，如宿舍、帐篷、木屋等，以满足参与者的住宿需求。这一环节可以为基地带来住宿收益，进一步增加经济价值。

（4）教育培训服务：森林研学活动是一种教育培训的形式，通过开展相关学习和培训课程，向参与者传授森林生态知识、科学方法等方面的知识。这些教育培训服务可以作为基地的附加价值，吸引学校、机构和个人组织培训课程，从而增加基地的收入来源。

（5）社区发展：森林康养基地的建设和运营需要吸纳当地劳动力，提供就业机会，推动当地经济发展。同时，基地还可以与当地农户合作，推广农产品销售，促进农村经济发展。这样的合作可以带动当地农村旅游业的发展，改善当地民众的生活水平。

综上所述，森林康养基地开展森林研学活动具有丰富的经济价值，包括旅游收入、饮食服务、住宿服务、教育培训服务和社区发展等方面。通过合理规划和运营，基地可以获得更多的经济效益，促进当地的可持续发展。

第六篇
森林康养方案设计

一、森林康养方案设计的总原则

森林康养方案的设计必须目标性明确，坚持以目标为导向，使方案活动紧紧围绕目标开展。同时，要体现康养方案的整体化和个性化的协调统一，要结合方案执行的实际情况，具有动态变化性。

（一）目标原则

在森林康养方案的设计之初，要有一个明确的目标，这个目标必须是切实可行的目标，这样整个方案才具有执行性，以保证方案目标的实现，能让参与的人切实感受。

（二）整体性原则

康养方案是维护和增进个体、群体健康的策略之一，也有其独特的理论体系。首先，在制定康养方案时首先确保方案本身的完整性，能站在提高综合健康水平、提高目标人群生活质量的高度上设计方案。其次，还需要考虑与我国当前卫生保健重点领域、主要工作相结合，使之融入区域范围的卫生保健政策与活动中，服务于卫生事业发展。

(三) 前瞻性原则

一切计划都是面向未来的，为此，在制定森林康养方案时需要考虑未来发展的趋势和要求。前瞻性表现在目标要体现一定的先进性，如果目标要求过低，将失去计划的激励功能，在方案设计中则要体现新型、现代干预技术和方法的应用。

(四) 动态性原则

计划有一定的时间周期，在这一时间周期内，个体健康状况、影响健康的因素处于动态变化之中，因此，在制定方案时要尽可能预计到在方案实施过程中可能发生的变故，要留有余地并预先制定应变对策，以确保方案的顺利实施。在方案实施阶段，要不断追踪方案的进程，根据目标的变化情况作出相应调整。

(五) 从实际出发原则

遵循一切从实际出发的原则，一要借鉴历史的经验与教训，二要做周密细致的调查研究，因地制宜地提出计划要求。同时要清晰地掌握目标的健康问题、认识水平、行为生活方式、用药情况、经济状况等系列客观资料实行分类指导，提出真正符合具体实际，有可行性的森林康养方案。

二、健康管理

(一) 健康管理的目标和主要任务

健康管理是指一种对个人或人群的健康危险因素进行全面管理的过程。其宗旨是调动个人和集体的积极性，有效地利用有限的资源来达到最大的健康效果。

1. 健康管理的目标

健康管理是基于个人健康档案基础上的个性化健康事务管理服务，它是建立在现代营养学和信息化管理技术上，从社会、心理、环境、营养、运动角度对每个人进行全面的健康保障服务。它帮助、指导人们成功有效地把握与维护自身的健康。健康管理的具体目标是以个人或群体作为研究对象，以研究人的健康为中心，以研究如何提高个人或群体健康素养，改进健康生活方式及行为，改善不良健康状态，有效控制健康及疾病危险因素，遏制慢性疾病的发生发展，减轻医疗负担，提高生命质量和延长寿命。

健康管理的宏观目标是在新的医药卫生体制改革方案下，紧紧围绕我国政府建设高水平小康社会的总体要求，创立现代健康管理创新体系，创新服务模式与技术手段，使慢性非传染性疾病得到有效控制，在实现大幅度提高国民健康素质与健康人口构成比例，提高国民平均期望寿命和健康寿命中发挥重要作用，是健康管理相关产业成为国家拉动内需，扩大消费的民生工程和新的支柱产业之一，成为引领和推动中国科技与产业发展的重要领域，最终实现健康管理与健康服务大国。

2. 健康管理的主要任务

健康管理的主要任务是以现代健康概念和中医"治未病"的思想为指导，运用医学、管理学等相关学科的理论、技术和方法，对个体或群体健康状况及影响健康的危险因素进行全面连续的检测、评估和干预，实现新型医学服务过程。围绕健康管理的目标为中心，主要任务如下：①努力构建一个完整的健康管理信息化服务体系，健康/亚健康评价指标与评估模型体系；②研发一套新标准即研制并颁发一套健康管理相关技术标准与规范，包括健康评估技术标准与规范、健康风险预测预警技术标准与规范、健康管理和干预效果评价标准与规范、健康管理相关仪器设备与干预产品的技术标准与规范、健康信息技术与网络化服务标准与规范等；③创建健康管理服务新模式；④打造康养示范基地；⑤培训造就一支健康管理专业队伍，包括科研、教学、产品研发、技术服务等专家或专业团队；⑥努力将健康管理服务与相关产业壮大，成为新的支柱产业。

（二）健康管理的服务流程

一般来说，健康管理的服务流程可以分成以下几个部分：

1. 健康信息采集

只有了解个人的健康状况，才能有效地维护个人健康。因此，具体地说，第一步是收集服务对象的个人健康信息。个人健康信息包括：个人一般情况（性别、年龄等），目前健康状况和疾病家族史，生活方式（膳食、体力活动、吸烟、饮酒等），体格检查（身高、体重、血压等）和血、尿实验室检查（血脂、血糖等）。其中最重要的为健康体检，健康体检是以人群的健康需求为基础，按照早发现、早干预的原则来选定体格检查的项目。检查的结果对后期的健康干预活动具有明确的指导意义。健康管理体检项目可以根据个人的年龄、性别、工作特点等进行调整。目前一般的体检服务所提供的信息应该可以满足这方面的要求。

2. 健康评估

通过分析个人健康史、家族史、生活方式和从精神压力等问卷获取的资料，可以为服务对象提供一系列的评估报告，其中包括用来反映各项检查指标状况的个人健康体检报告、个人总体健康评估报告、精神压力评估报告等。

根据所收集的个人健康信息，对个人的健康状况及未来患病或死亡的危险性用数学模型进行量化评估。其主要目的是帮助个体综合认识健康风险，鼓励和帮助人们纠正不健康的行为和习惯，制定个性化的健康干预措施并对其效果进行评估。患病危险性的评估，也被称为疾病预测，可以说是慢性病健康管理的技术核心。其特征是预估具有一定健康特征的个人在一定时间内发生某种健康状况或疾病的可能性。

3. 个人健康管理咨询

在健康风险评估的基础上，我们可以为个体和群体制订健康计划。个性化的健康管理计划是鉴别及有效控制个体健康危险因素的关键。将以那些可以改变或可控制的指标为重点，提出健康改善的目标，提供行动指南以及相关的健康改善模块。个性化的健康管理计划不但为个体提供了预防性干预的行动原则，也为健康管理师和个体之间的沟通提供了一个有效的工具。内容可以包括以下几方面：解释个人健康信息及健康评估结果及其对健康的影响，制订个人健康管理计划，提供健康指导，制订随访跟踪计划等。

4.个人健康管理后续服务

个人健康管理的后续服务内容主要取决于被服务者（人群）的情况以及资源的多少，可以根据个人及人群的需求提供不同的服务。后续服务的形式可以是通过互联网查询个人健康信息和接受健康指导，定期寄送健康管理通讯和健康提示；以及提供个性化的健康改善行动计划。监督随访是后续服务的一个常用手段。随访的主要内容是检查健康管理计划的实现状况，并检查（必要时测量）主要危险因素的变化情况。健康教育课程也是后续服务的重要措施，在营养改善、生活方式改变与疾病控制方面有很好的效果。

在前几步的基础上，以多种形式来帮助个人采取行动，纠正不良的生活方式和习惯，控制健康危险因素，实现个人健康管理计划的目标。与一般健康教育和健康促进不同的是，健康管理过程中的健康干预是个性化的，即根据个体的健康危险因素由健康管理师进行个体指导，设定个人目标，并动态追踪效果。如健康体重管理、糖尿病管理等，通过个人健康管理日记、参加专项健康维护课程及跟踪随访措施来达到健康改善效果。一位糖尿病高危个体，其除血糖偏高外，还有超重和吸烟等危险因素，因此除控制血糖外，健康管理师对个体的指导还应包括减轻体重（膳食、体力活动）和戒烟等内容。

5.专项的健康及疾病管理服务

除了常规的健康管理服务外，还可根据具体情况为个体和群体提供专项的健康管理服务。这些服务的设计通常会按患者及健康人来划分。对已患有慢性病的个体，可选择针对特定疾病或疾病危险因素的服务，如糖尿病管理、心血管疾病及相关危险因素管理、精神压力缓解、戒烟、运动、营养及膳食咨询等。对没有慢性病的个体，可选择的服务也很多，如个人健康教育、生活方式改善咨询、疾病高危人群的教育及维护项目等。

健康管理的步骤可以通过互联网的服务平台及相应的用户端计算机系统来帮助实施。应该强调的是，健康管理是一个长期的、连续不断的、周而复始的过程，即在实施健康干预措施一定时间后，需要评价效果、调整计划和干预措施。只有周而复始，长期坚持，才能达到健康管理的预期效果。

三、不同体质人群方案设计

在森林康养方案的规划实施过程中，考虑到结合不同人的体质来规划具体方案也很重要，每个人的体质是禀赋于先天，受后天各种因素影响而形成的相对稳定的状态，体质的不同决定了其所适应的康养方案不同。国医大师王琦教授将现代人分为九种体质，分别为平和质、气虚质、阴虚质、阳虚质、痰湿质、湿热质、气郁质、血瘀质、特禀质。以下就不同体质人群给出具体的森林康养方案。

（一）人群特点概述

1. 平和质人群主要特征

体形匀称，体格健壮，性格随和开朗，面色红黄隐隐、明润含蓄，唇色红润，头发稠密有光泽，目光炯炯有神，嗅觉、味觉正常，精力充沛，不易疲劳，耐受寒热，饮食、睡眠良好，二便正常，淡红舌，薄白苔，脉和有神。平素不易患病或患病后恢复较快、预后良好，对自然、社会环境适应能力较强。

2. 气虚质人群主要特征

说话语声低弱，气短懒言，容易疲乏，精神不振，易出汗，稍运动则气喘吁吁，多兼见面色萎黄或淡白，目光少神，口淡，唇色少华，毛发不泽，头晕，健忘，大便正常或便溏，或虽便秘但并无结硬，排便无力感，舌淡红，舌边或有齿痕，脉弱。易患感冒、内脏下垂等病，病后康复缓慢。不耐受风、寒、暑、湿等六淫病邪。

3. 阴虚质人群主要特征

体形瘦长者居多，易口燥咽干，口渴喜欢喝冷饮，唇红且干，鼻子干，面色潮红，有烘热感，眼睛干涩，视物模糊，大便容易干燥，皮肤偏干，容易生皱纹，常伴手脚心热，眩晕耳鸣，睡眠差，舌红少津少苔，脉细弱。容易患有阴亏燥热的病变，或生病后容易表现为阴亏症状，平素不耐热邪，不耐受干燥气候。

4.阳虚质人群主要特征

多形体白胖，肌肉不壮，平素畏寒怕冷，手足不温，喜食热食，精神不振，面色柔白、目胞晦暗，口唇色淡，毛发易落，易出汗，小便清长，大便溏薄，舌淡胖嫩，脉沉迟而弱。性格多沉静内向，耐夏不耐冬，易感受风、寒、湿邪。

5.痰湿质人群主要特征

体形肥胖、腹部肥满松软，皮肤爱出油，面部皮肤油脂较多，多汗且黏，面色淡黄而暗，眼胞微浮，容易困倦，胸闷，痰多，胃口好，喜爱吃肥甘厚味，口中黏腻不爽，睡觉容易打鼾，大便正常或不实，小便不多或微混，平素舌体胖大，舌苔白腻，脉滑。性格偏温和稳重恭谦、和达、多善于忍耐。对梅雨季节及潮湿环境适应能力差。

6.湿热质人群主要特征

形体偏胖或苍瘦，平素面垢油光，易生痤疮，口臭、口苦、口干，心烦懈怠，眼睛红赤，大便短赤，男性易阴囊潮湿，女性白带增多，舌质偏红，苔黄腻，脉滑数。性格多急躁易怒。对湿环境或气温偏高，尤其是夏末秋初，湿热交蒸气候较难适应。

7.气郁质人群主要特征

形体瘦者为多，性格内向不稳定、抑郁脆弱、敏感多疑、对精神刺激适应能力比较差，神情时常烦闷不乐，胸胁部胀满或走窜疼痛感，多善太息，或嗳气呃逆，或咽间有异物感，或乳房胀痛，睡眠较差，食欲减退，容易受到惊吓，健忘、痰多，大便多干，小便正常，舌淡红、苔薄白，脉弦。性格内向不稳定、忧郁脆弱，敏感多疑。对精神刺激适应能力较差，不适应阴雨天气。

8.血瘀质人群主要特征

瘦人居多，平素面色晦暗，皮肤偏暗或色素沉着或肌肤甲错，容易出现瘀斑，易患疼痛，口唇暗淡或紫，舌质黯有瘀点，片状瘀斑，舌下静脉曲张，脉细涩。性格急躁，易烦，健忘。不能耐受寒邪、风邪。

9.特禀质人群主要特征

表现为一种特异性体质，多指由于先天性和遗传因素造成的一种体质缺陷，包括先天性、遗传性的生理缺陷，先天性、遗传性疾病，过敏反应，原发性免疫缺陷等。适应能力差，如过敏体质者气候、异物不能适应，易引发宿疾。

（二）情志养生

不同体质人群在情志养生方面都要遵循的规律：①要保持乐观、积极向上的情绪，要热爱生活，对生活充满希望；②要爱惜自己的身体，生命只有一次，莫要拿自己的生命开玩笑；③要有平和的心态，胸怀坦荡，遇事不纠结，不钻牛角尖，为人处事不骄不躁；④要常怀仁爱之心，常做乐善之事，常怀感恩之心，有奉献精神；⑤要常自我反省，勤奋好学，不断自我更新，提升素质修养；⑥要节制自己的各种欲望，克制偏激的情感，尽量做到清心寡欲，在遇到困境或者挫折时通过自我调节及时消除不利事件对情绪的负面影响。

推荐保健型森林康养项目，例如通过观赏森林景观，观察森林动植物，增强对自然生态的了解和欣赏；享受森林浴，即在森林中散步休闲，享受森林中的植物精气，负氧离子等有益于人体的物质，达到强身健体的目的；或参与森林野外课堂聆听健康知识讲座，增强对森林康养的兴趣和了解。

1.气虚质人群

性格偏内向、胆小，自主决断能力较差，时常精神不振、健忘、注意力不集中。在情志养生方面，除了遵循以上原则外还应注意多参与互动类的森林康养项目，多与他人交谈、沟通，多给自己正向、积极的鼓励，应振奋精神，避免过度思虑、精神紧张。

2.阴虚质人群

性情多急躁易怒，情绪易波动，遇事易激惹，在情志养生方面，除了遵循以上原则外还应注意多参与节奏较为舒缓的森林康养项目，能够帮助舒缓情绪，培养冷静、沉着的处事态度。

3.阳虚质人群

性格多沉静、内向，常表现精神萎靡，对事物提不起兴趣，注意力不集中，思维能力下降等表现。在情志养生方面，除了遵循以上原则外还应注意多参与互动类以及气氛活跃类的森林康养项目，要尽量参与其中，调动自主积极性，振奋精神。

4.痰湿质人群

多体态丰腴，躯体四肢沉重疲乏，情绪容易低落，积极进取心不足。在情志养生方面，除了遵循以上原则外还应注意多参与竞技类的森林康养项目，让身体动起来，在调动情绪的同时还能帮助减肥。

5.湿热质人群

性格多外向，情绪易激动，烦躁多怒，喜动不喜静。在情志养生方面，除了遵循以上原则外还应注意像阴虚质人群一样多参与节奏舒缓的森林康养项目，要保持舒畅的心情，少发脾气，少抱怨。

6.气郁质人群

性格多内向，容易生闷气，胸闷长太息，神情常抑郁，易患焦虑症、抑郁症。在情志养生方面，除了遵循以上原则外还应注意多参与具有舒展气机、疏通经络作用的森林康养项目，遇事不计较得失，常保持轻松愉悦的心情。

7.血瘀质人群

多忧郁、苦闷、多疑，内心孤独感强烈，容易烦躁。在情志养生方面，除了遵循以上原则外还应注意多参与互动类、合作类、气氛活跃类的森林康养项目，使精神愉悦，气血畅和，有助于瘀血的消散，培养积极乐观的生活态度。

8.特禀质人群

对外界环境的适应能力较差，常表现出自卑、焦虑、敏感、自我封闭、抑郁等心理反应。在情志养生方面，除了遵循以上原则外还应注意多参与互动类、能够多进行交流沟通类的森林康养项目，及时疏导不良情绪，提

升自我认同；同时还要适当参加运动类的康养项目，增强体质，提升对环境的适应能力。

（三）膳食养生

1. 不同体质人群养生原则

饮食有节，粗细搭配，平衡多样，四气适中，五味均衡，顺应四时。①春季宜升补，但应注意升而不散，温而不热，不过用辛热升散之品。推荐食用当季蔬菜例如春笋、椿芽等食物，可以助春季人体的升发。另外，轻宣透散的紫苏、薄荷、芹菜等蔬果都是适宜的。②夏季天气炎热，人体阳气浮越于外，宜清补，应选用具有清热解暑、味薄清淡之品，不宜食用味厚发热的食物，宜食新鲜水果以及清凉生津食品，例如绿豆、冬瓜、苦瓜、黄瓜、生菜、豆芽等，注意不可贪凉饮冷，耗伤阳气。③长夏之季为一年之中湿气最盛的季节，宜多食用健脾利湿之品，例如山药、莲子、薏米、扁豆等，忌多用滋腻碍胃之品。④秋季阳气由生发转为收敛，宜选用平性的药食，不宜用大寒大热之品，秋季气候易干燥，宜食用生津润燥的百合、梨、秋葵、莲藕、沙参、麦冬等。⑤冬季天气寒冷，宜选用温热助阳之品，例如姜、肉桂、胡椒、羊肉、牛肉等，注意不可过食，防止伤阴化火。

2. 推荐利用森林康养基地所培育的有机绿色健康食品或森林中的天然食材提供健康的饮食和利用基地推荐的养生食谱进行森林食疗等森林康养项目。

①气虚质人群应多食用具有补益脾气作用的食物，如鸡肉、鹌鹑肉、泥鳅、大枣、桂圆、蜜蜂、粳米、小米、黄米、白扁豆、黄豆、大麦、山药、豆腐、牛肉、狗肉、青鱼、鲢鱼等。若气虚较为严重，可用人参、党参、黄芪等补气力量较强的药食两用的中药来调养。少吃具有耗气作用的食物，如空心菜、生萝卜等。

②阴虚质人群膳食养生应遵循保阴潜阳的原则，可食鳖、鱼类、绿豆、海蜇、猪肉、鸭肉、芝麻、糯米、乳制品、荸荠、百合等养阴滋润之

品。也可在日常煮粥煲汤时加入沙参、百合、枸杞子、桑葚、山药等食材。若经济条件允许，还可选择食用燕窝、银耳、海参、冬虫夏草等补品。少食用羊肉、狗肉、韭菜、辣椒、葱、姜、酸、葵花籽等性辛辣温燥刺激的食品。

③阳虚质人群膳食养生宜食用牛肉、羊肉、鹿肉、鳝鱼、韭菜、生姜、蒜、芥末、葱、花椒、胡椒等温补壮阳之品。少食用柿子、冬瓜、梨、西瓜、荸荠等药性寒凉的食物，少饮用绿茶、苦荞茶等性凉的茶类。

④痰湿质人群膳食应多食一些具有健脾利湿化痰的食物，以清淡为主，如白萝卜、冬瓜、荸荠、紫菜、海蜇、洋葱、白果、白扁豆、薏苡仁、红小豆等，少吃油腻的、甜度高的或辛辣刺激的食物。切忌暴饮暴食，不宜饮酒。

⑤湿热质人群膳食也应以清淡为原则，推荐食用赤小豆、绿豆、芹菜、黄瓜、苦瓜、冬瓜、番茄、西瓜、柿子、荸荠等甘寒利湿之品，忌辛辣刺激性强的食物，如辣椒、姜、葱等。少食用羊肉、狗肉、鳝鱼、韭菜、酒等辛温助热之品，或饴糖、蜜蜂、大枣等甘甜滋腻的食物，火锅、油炸食品、烧烤等食物也要少吃。

⑥气郁质人群膳食养生推荐食用小麦、大麦、葱、蒜、海带、萝卜、金橘、山楂、玫瑰花等具有行气解郁、消食醒神作用的食物。亦可间断地食用山药、茯苓等健脾的食物。可少量饮低度酒，以助推动气血。

⑦血瘀质人群膳食推荐黑豆、山楂、桃、桃仁、柚子、橙子、金橘、紫菜、海藻、海带、萝卜、山慈菇、玫瑰花等活血、疏肝理气、软坚散结作用的食物。也可以饮用少量低度酒。可多食醋，山楂粥等味酸的食物，少吃油炸食物等油腻之品。

⑧特禀质人群膳食宜以清淡为主，均衡搭配。多饮水，多食新鲜蔬菜。对于易过敏的食物应做好记录，尽量避免食用。忌食生冷、辛辣、肥甘油腻的食物。少食海鲜、酒类，戒烟，少饮浓茶、咖啡。

（四）运动养生

不同体质人群均应形成良好的运动健身习惯。可根据个人爱好和耐受程度，选择运动健身项目。推荐运动型森林康养项目，例如森林徒步、森林马拉松、登山、森林骑行、森林游泳、森林舞蹈、森林瑜伽、森林球类运动、森林极限运动、耕作等，还可以选择森林太极拳、森林八段锦、森林五禽戏等中国传统运动养生方式。在参与森林康养运动项目时要注意运动时间以 2～4 h 为宜，还要根据自身情况做适当的调整，切忌过度疲劳，在运动前要做好充分的准备，不可过饱也不可过饥，做好拉伸准备后方可运动。

①气虚质人群应选择较为舒缓的运动项目，例如森林瑜伽、森林太极拳、森林八段锦等，采取强度适中，少量多次，循序渐进的方式进行锻炼，避免一次性运动量过大，或做能够引起汗出过多的项目，会加重气的耗损从而使气虚症状加重，忌用力过猛或做需要憋气时间较长的动作。

②阴虚质人群也推荐选择较为舒缓的运动项目，例如森林瑜伽、森林徒步、森林太极拳等，不宜进行过量活动使汗出过多进一步耗伤阴液，也不易进行激烈的竞技型活动，导致情绪过于高涨不利于身体健康。

③阳虚质人群建议多参加户外型的运动项目，例如森林徒步、森林骑行、登山、耕作等，尽量多在户外接受阳光的沐浴，运动时间最好选择晴朗的上午，帮助振奋机体的阳气，不宜在夜晚或阴冷、潮湿的环境下运动，也不宜出汗过多损伤阴液，阴液耗损过多将进一步损伤阳气。

④痰湿质人群建议选择力量型运动项目，例如森林瑜伽、森林骑行、森林游泳、森林球类运动或极限运动等，增强肌肉的力量，使身体变得紧实，要循序渐进，并注意坚持锻炼，时间不应太短，要保持一定时间的有氧运动，一般热身 15 min 左右开始慢慢增加强度，运动时间建议在 14：00—16：00，增强机体代谢能力，帮助祛除痰湿。

⑤湿热质人群建议选择强度稍大的运动项目，例如森林游泳、森林登山、森林球类运动、森林马拉松、森林极限运动等，使机体有一定的汗出量，帮助排除湿热，首推森林游泳项目，也可根据爱好适当选择，建议在清晨或傍晚进行运动，避免在夏季烈日下进行高强度的运动，宜在秋高气爽的天气进行。

⑥气郁质人群建议在环境优美，空气清新怡人的环境下进行运动，推

荐森林瑜伽、森林太极拳、森林八段锦、森林五禽戏等较为舒缓，配合呼吸吐纳的运动项目，帮助舒展气机，建议在阳光明媚的清晨进行运动，需长期坚持。

⑦血瘀质人群建议选择有氧运动，以及能够舒展全身经络的运动项目，例如森林舞蹈、森林瑜伽或森林太极拳、森林八段锦等，不宜做超负荷、高强度的运动，也需长期坚持，通过运动促进气血流通，达到活血化瘀的目的。需要注意的是在运动过程中如果出现胸闷或绞痛，呼吸困难，头痛眩晕，脉搏显著加快伴有心慌等情况应立即停止运动，休息后仍不缓解应及时到医院就诊。

⑧特禀质人群推荐进行较为舒缓的运动项目，以室内运动为主，身体允许的情况下可适当进行户外运动，推荐在室内进行太极拳、八段锦等运动来增强体质，避免运动过量和出汗过多，也要避免汗出当风，可选择针对性的运动项目改善体质。对冷空气过敏者应避免在寒冷的天气进行户外运动，对紫外线过敏者避免在阳光强烈的晴天外出运动，其余时间在外出时做好防晒，对花粉过敏者避免的开花季外出运动。

（五）起居养生

不同体质人群在起居养生方面都要遵循作息规律：要顺应自然节律和人体生理节律，养成规律作息，有益于身心健康，对人体脏腑气血的平衡调和很重要。首先要顺应四季，依照春生、夏长、秋收、冬藏的规律养成春夏晚卧早起，秋季早卧早起，冬季早卧晚起的习惯。其次在一日之中太阳升起之时阳气开始逐渐隆盛，阴气逐渐消退，到了正午，则阳气最盛，午后则阳气渐弱而阴气渐长，深夜时分则阴气最为隆盛。相应地，人们应在白昼阳气相对旺盛之时从事日常活动，而到夜晚阳气衰微而阴气盛时，就要安卧休息。最后还要遵循自己的生物钟节律。在工作时切忌过度劳累，在休息时也要适当运动不可过度安逸，遵循劳逸适度原则。在睡觉时要保证睡眠质量，做到有效休息，营造温馨舒适的睡眠环境，选择干净舒适的卧具，必要时可适当选择助眠方法，例如助眠操，食用助眠的食物例如酸枣仁、莲子、大枣等，听舒缓的音乐，使用香薰助眠等。推荐的森林康养

项目例如森林露营、森林旅居等，感受康养基地提供的居住环境和推荐的作息指导。

①气虚质人群居处环境应选择安静的地段，室内装饰选择明亮的暖色调，注意室内外的温差不宜过大，夏季空调温度不因开得过低，冬季也不宜开得过高，季节变换要及时增减衣物，在午间应适当午休以保持充沛的精力。

②阴虚质人群睡眠通常不好，多梦或入睡困难，因此居处环境也要安静，要尽量早睡，卧室灯光要柔和，可以配合香薰助眠，切忌因为入睡困难就晚睡，会进一步降低睡眠质量。其次要尽量睡午觉，时间不宜过长，30 min 左右即可。

③阳虚质人群建议居住在干燥温暖的房间，房屋保暖性要好，窗户的采光也要好，最好的坐北朝南的正房，居住环境以暖色调为主，不建议长期使用空调，夏季除非天气特别炎热，严重影响睡眠休息，一般少用或不用空调。四季转换宜春捂，但不宜秋冻，尤其注意关节、腰腹、颈背部、脚部的保暖。

④痰湿质人群建议居处干燥且温暖，穿着衣物以及床具的材质以棉麻蚕丝等天然纤维为主，有利于汗液、湿气的蒸发。枕头不宜过高，防止加重打鼾，睡眠时间不宜过长，要早睡早起，适当运动，不可过于安逸。洗澡时水温可适当调高，程度以全身皮肤微微发红，通身汗出为宜。

⑤湿热质人群建议居住在干燥的环境中，室内温度不宜过高，避免潮湿闷热，注意房间的卫生，勤打扫，勤通风，床具也应及时更换避免滋生细菌，衣物穿着应宽松透气，不要穿化纤衣物或紧身衣裤。应避免长期熬夜或过度疲劳，保持二便通畅。

⑥气郁质人群居住环境建议安静、宽敞、明亮，通风好，可适当悬挂山水画，或放置盆栽等装饰，避免居住在拥挤、阴暗的环境。衣着宽松舒适，不穿紧身衣物，颜色建议选择红色、粉色、黄色等鲜艳的色彩，养成良好的睡眠习惯，尽量23点之前入睡，睡前不适宜观看惊险刺激的节目或激动的聊天，可以适当听听助眠音乐。

⑦血瘀质人群居处应温暖舒适，不宜在寒冷环境中长期生活，洗澡水

温不宜过低，居家休息时避免久坐，适当运动，动静结合，避免长时间打麻将、看电视等。

⑧特禀质人群居处环境装饰要以简洁为主，选择绿色环保的装饰材料，居室保持室内清洁、避免购置地毯、毛绒玩具等容易有尘螨聚集的物品，床具定期更换，清洗后要晾晒，注意个人卫生，勤洗手，常更换衣物，衣物也要晾晒。过敏季节来临时，注意做好防护，避开过敏原，同时不建议在家里养宠物。

（六）雅趣养生

雅趣养生指的是通过培养和发挥自身高雅的情趣及爱好来修身养性的养生方法。根据个人的兴趣爱好及不同体质进行相应选择。推荐文化型森林康养项目有森林音乐、森林弈棋、森林书画、森林阅读、森林垂钓、森林茶道、森林冥想、森林温泉等。

①气虚质人群推荐森林音乐养生，适合多收听宫、商、徵音为主的音乐，推荐乐曲有《步步高》《十面埋伏》《江南好》等。同时还推荐森林温泉，首选碳酸氢钙泉，在泡温泉时须控制浸泡温度在40度以下，压缩浸泡时间，控制在10 min之内。泡温泉前尽量补充一些能量，泡汤后则应马上休息，尽量恢复元气。

②阴虚质人群推荐森林音乐养生中以羽、商音为主的音乐，推荐乐曲有《乌夜啼》《潇湘水云等》。同时推荐森林书画、森林冥想等项目，之类项目可以使人凝神静气，心神专注，安定情绪，陶冶情操，注意专注的时间不宜过长，防止过于疲劳，起到相反的效果。此外推荐森林温泉，选择温度稍低的碳酸泉，应该避免高温池、桑拿房等导致排汗过多的项目，每次浸泡时间都尽量缩短，微微出汗即可，同时泡温泉过程要比常人多喝水，补充体液。

③阳虚质人群推荐森林音乐养生中以角、徵音为主的音乐，推荐乐曲有《流水》《酒狂》等。此外推荐森林弈棋，通过博弈振奋机体的阳气。还推荐森林茶道，建议饮用普洱茶、肉桂茶等偏温性的茶饮，可以温胃祛寒。同时，推荐森林温泉可以为怕冷的阳虚质驱寒，推荐食盐泉，能很好地改

善手脚冰凉、怕冷症状。泡汤过程中应避免冷饮，泡汤后注意马上保暖。

④痰湿质人群推荐森林音乐养生以角音为主的音乐，推荐乐曲有《阳春》《高山》等。还推荐森林茶道，推荐饮用陈皮茶、荷叶茶等具有健脾祛湿作用的茶饮。另外推荐森林温泉可以促进新陈代谢，加速体内痰湿的祛除推荐碳酸泉，可以行气活血、促进代谢，改善痰湿堆积导致的高血压、脂肪肝、糖尿病等疾病。

⑤湿热质人群推荐森林音乐养生以宫、羽音为主的音乐，推荐乐曲有《山居秋暝》《忆故人》等。此外推荐森林茶道，推荐饮用绿茶、白茶、菊花茶等具有清热解毒、利湿降火作用的茶饮。另外推荐森林温泉可以消耗体内多余能量，排泄多余水分，达到清热除湿的功效。可选择空气畅通的户外泡池，避免酒池、冰池等产品，有助于调理脾胃，清热化湿。

⑥气郁质人群推荐森林音乐养生以角、徵为主的音乐，推荐乐曲有《渔歌》《高山》等。此外推荐森林书画，建议参考美丽的山水或色彩艳丽景色或选取积极向上的诗文进行书画，在参与活动的同时既能陶冶情操，又能够愉悦身心。还推荐森林冥想，配合呼吸能够畅通气机，改善气郁的状态。另外推荐森林温泉，不仅能够康疗养生，还可以舒活筋骨、放松身心，非常适合情志不畅的气郁质。泡完温泉做个放松SPA，然后美美睡上一觉，对于情绪郁闷、长期失眠的气郁质人可谓福音。

⑦血瘀质人群推荐森林音乐养生以角、徵为主的音乐，推荐乐曲有《阳春》《高山》等。此外推荐森林茶道，建议饮用山楂茶、丹参茶等具有活血化瘀作用的茶饮。另外推荐森林温泉可以促进血液循环、加速新陈代谢，活血祛寒，是血脉不够畅通的血瘀质最大的福音。可以选择含氡的温泉，温度以39～42℃最佳，泡汤后做个按摩或者SPA，对于行气活血效果更加。

⑧特禀质人群推荐森林音乐养生以宫、商音为主的音乐，推荐乐曲有《寒山僧侣》《关山月》等。此外森林弈棋、书画、垂钓等也可参与，帮助调整情绪和身体。森林茶道，建议应用黄芪、山药等代茶饮，帮助提升机体抗病能力。另外，推荐森林温泉可选择对皮肤温和的淡温泉，或者有镇静作用的重曹泉（碳酸氢钙泉、碳酸氢镁泉），对过敏性患者有一定治疗缓解

疗效，但应该注意避免浸泡刺激性强的酸性泉。对于中药养生池，尤其是花瓣池等加料池尽量避免进入，时间也应该缩短。

（七）药物养生

药物养生是在中医药理论指导下，运用药物来强身健体、祛病延寿的方法，是中医养生保健的重要手段。推荐治疗保健型森林康养项目，例如森林药浴、森林药疗等。不同体质人群在药物养生方面均需要遵循的原则：第一，不可盲目选择药物养生，需要在专业的指导下进行。第二，要根据个人体质、年龄、性别等不同特点，有针对性地选择相应的方药进行养生。第三，要遵循中医辨证论治的原则进行合理选方用药，采用实则泻之，虚则补之，攻补兼施等方法。第四，要遵循天人相应的规律，顺时选药，遵循"春夏养阳，秋冬养阴"的原则，春夏季节不宜过用辛温发散之品，以免开泄太过，耗气伤阴；秋冬季节要慎用寒凉药物，以防耗伤阳气。春季用药以清补为原则；夏季用药以甘平或微凉为主，不宜过用热药；长夏用药以芳化运脾化湿为主；秋季用药以护阴润燥为主，忌服耗散伤津之品；冬季用药可遵循冬令进补的原则，宜酌情应用温补之品。

①气虚质人群临床上分为心气虚、肺气虚、脾气虚、肾气虚、卫气虚等不同类别或相兼为病，平时可适当服用一些有益气补中功效的中成药。比如脾气虚症见面色萎黄、纳少便溏、肢倦腹胀等，可服用补中益气丸或参苓白术丸等中成药。常用中药有黄芪、当归、陈皮、升麻、柴胡等。卫气虚常表现为汗出恶风、易于感冒，可服用桂枝黄芪汤或玉屏风散。玉屏风散不光可以调整气虚，还可以预防感冒。另外，补气虚的中药很多，常用的补气药物有人参、黄芪、西洋参、太子参、党参、茯苓、白术、山药、炙甘草、灵芝、五味子等。

②阴虚质人群临床上还分为心、肺、胃、肝、肾阴虚的不同。可以服用六味地黄丸、杞菊地黄丸、归芍地黄丸、知柏地黄丸等，有滋阴清热之效。更年期阴虚有热还可以服用二至丸补肝肾，降虚火。常用中药有生熟地、沙参、百合、天门冬、枸杞子等。

③阳虚质人群分为心阳虚、肺阳虚、脾阳虚、胃阳虚等不同类别或相

兼为病，平时可适当服用一些有调理功效的中成药，如肾阳虚症见腰膝酸软、眩晕耳鸣等，可以吃金匮肾气丸调理，因为内含熟地、山药、山茱萸等药材，有补气温阳的作用。脾阳虚症见腹中冷痛、纳减腹胀、四肢不温等，可服用理中丸或桂附理中丸进行调理。常用的温阳药物有鹿茸、锁阳、冬虫夏草、巴戟天、淫羊藿、仙茅、肉苁蓉、补骨脂、胡桃、杜仲等。

④痰湿质人群重点调补肺脾肾。可用温燥化湿之品，如半夏、茯苓、泽泻、瓜蒌、白术、车前子等。若肺失宣降，当宣肺化痰，选二陈汤；若脾不健运，当健脾化痰，选六君子汤或香砂六君子汤；若肾不温化，当选苓桂术甘汤。

⑤湿热质人群药物养生亦可遵循痰湿质人群的药物养生特点，不同之处是热象更明显，因此还要选用一些甘淡苦寒清热利湿之品，如黄芩、黄连、栀子。方药可选龙胆泄肝汤、茵陈蒿汤等。

⑥气郁质人群可选用疏肝解郁之品，常用的解郁药物有佛手、香橼、枳壳、香附、木香、薄荷、沉香、陈皮、柴胡等。平时还可适当服用一些疏肝解郁，行气理脾的中成药，如逍遥丸、胡疏肝散、越鞠丸等。

⑦血瘀质人群可用当归、川芎、怀牛膝、徐长卿、鸡血藤、茺蔚子等活血养血的药物，成方可选四物汤等。血瘀较重者，体内出现癥瘕包块时可以选择血府逐瘀丸或桂枝茯苓丸来化瘀消癥。

⑧特禀质人群常见表现可以有先天异常、过敏体质、遗传病体质、胎传体质等，情况复杂，需要根据具体情况进行调养。

四、慢性病患者康养方案设计

(一) 高血压

高血压病是最常见的心血管疾病之一，亦是导致各种心脑血管疾病最重要的危险因素。世界卫生组织建议的血压判别标准：①正常血压，收缩压 < 140 mmHg，舒张压 < 90 mmHg。②成人高血压，收缩压 ≥ 140 mmHg，舒张压 ≥ 90 mmHg。高血压病主要以动脉血压增高为主的临床症候群。早期症状可见头晕、头胀、胸闷、失眠、注意力不集中等，

约半数人可出现不同程度的头痛，常伴后颈部牵拉或板样感觉。对人体心、脑、肾、血管等重要脏器损害严重。本病相当于中医"眩晕""头痛"等病的范畴。

1. 森林康养对高血压患者的作用

森林景观优美，负氧离子高，植被丰富，树木释放的挥发性物质等均利于血压的调整。在森林环境中进行适当的体育活动，利于心脏功能的改善，减少心脑血管的疾病发生，提高患者的生活质量。研究表明，中等强度有氧运动可明显减少高血压患者的负性情绪，同时还有助于降低血压。合理的发挥运动处方干预慢性高血压病的优势，能够帮助人体维持健康，运动处方能有效地提高高血压患者的身体素质，降低体重指数，改善身体成分及心血管系统功能状态，减少高血压发生的概率。

2. 起居调养

注意劳逸结合，避风寒，慎起居，保证充足睡眠，避免过劳；畅情志，消除紧张等不良情绪，保持心态平和、精神愉快；适当运动锻炼，控制体重；清淡饮食，坚持低盐、低脂、低胆固醇、低热量、高蛋白质和高维生素饮食，少吃动物脂肪、内脏，多吃豆类及豆制品、粗粮、蔬果，禁烟限酒；务必遵医嘱按时服药，并坚持做好血压监测，防控其他并发症。

3. 常用养生方法技术

（1）耳穴：主穴取降压沟、肝、心、交感、肾上腺、缘中。配穴取枕、额、神门、皮质下。主穴每次取3～4穴，酌加配穴，每次选用4～5穴。在穴区寻得耳郭敏感点后，常规消毒，以胶布将王不留行籽或磁珠贴压在耳穴上，嘱每天每穴按压4～8次，每次每穴5 min，以胀、痛、热的能耐为度。左右耳穴交替贴压，连续3天调换一次。治疗15～21天为1个疗程。

（2）捏脊：请高血压患者家属或助手从大椎向腰部方向捏脊。用两手食指和拇指沿脊柱两旁，用捏法把皮肤捏起来，边捏边向前推进，由大椎起向尾骶腰部进行，重复3～5遍。倒捏脊法可以舒通肾脉，降低血压。

（3）摩腹：高血压患者仰卧，用两手重叠加压，按顺时针方向按揉腹

部，每次 3～5 min。揉肚腹可以疏通腹气，健脾和胃，调节升降，有降压的作用。

（4）足浴：选取适量药材煎水足浴，水温保持在 40℃左右，每次 30～40 min，每日 1～2 次。阳亢型可选用菊花、磁石、夏枯草、桑叶、钩藤、龙胆草、决明子等；阴阳两虚型可选用附片、桑枝、桂枝、川芎、伸筋草等；痰湿型可选用制半夏、竹茹、石菖蒲、白术、苍术、红花等；气滞血瘀型可选用柴胡、香附、合欢皮、桃仁、红花、鸡血藤、桂枝、川芎等。

（5）药膳食疗

茶饮：肝阳上亢型宜饮鲜芹菜汁、苦丁茶等；痰湿型高血压适宜饮陈皮茶等；气滞血瘀型宜饮玫瑰花茶、丹参茶等；阴阳两虚型可饮红茶、杜仲茶等。

枸杞肉丝：枸杞子 100 g，猪瘦肉 150 g，熟青笋 50 g，猪油 100 g。猪瘦肉切丝；青笋丝；枸杞洗净待用。烧热锅，用冷油滑锅倒出，再放入猪油，将肉丝、笋丝同时下锅打散，烹黄酒，加白糖、酱油、盐、味精调味，再放入枸杞子翻炒几下，淋上麻油，起锅即成。

竹沥姜汁粥：鲜竹沥 50 mL，鲜姜汁 10 滴，大米 50 g。大米洗净，用砂锅煮粥，熟后，加入竹沥和生姜汁，调匀，少量多次温热食用。

胡桃糯米粥：胡桃仁 30 g，糯米 100 g。将胡桃仁打碎，糯米洗净。加清水适量煮成稀粥，加少许糖调味即成。每日早晨空腹顿服。

（二）高脂血症

血脂是血液中所含脂质的总称，主要包括：胆固醇、甘油三酯、脂肪酸等。脂质不溶于水，必须与蛋白质结合以脂质的形式存在，成为水溶性复合物才能运转全身，如果脂肪代谢或运转异常，致使血浆中一种或多种脂质（主要是胆固醇、甘油三酯）含量异常升高，超出规定的指标时，即称为高脂血症，又称为高脂蛋白血症。一般认为，满足以下一条即可诊断为高脂血症：总胆固醇 ≥ 6.2 mmol/L；低密度脂蛋白胆固醇 ≥ 4.1 mmol/L；甘油三酯 ≥ 2.3 mmol/L；高密度脂蛋白胆固醇 < 1.0 mmol/L 时。近年来由

于疾病谱发生了改变，高脂血症不仅是导致动脉粥样硬化、心脑血管疾病（冠心病、脑卒中等）的重要因素，而且可以引起脂肪肝、肥胖症、胆结石等病。

高脂血症可隶属于中医学的痰证、眩晕、心悸、胸痹等多个病证的范畴。中医认为，高脂血症主要由于饮食不节，过食肥甘厚味，加之脾失健运，肝失疏泄，痰瘀结聚，变生膏脂；老年肾虚，五脏衰减，更易发为本病。

1. 森林康养对高脂血症患者的作用

森林环境中适宜开展各类导引功法，在专业的健康管理师的指导下进行合理的功法选择，研究表明，患者可耐受强度的有氧运动能够改善高脂血症患者的血脂情况。同时，持续性护理干预可有效改善高脂血症患者血脂水平，控制了疾病进展。

2. 起居调养

调整生活起居，生活规律，控制体重；畅情志，消除紧张等不良情绪，避免过度情志刺激，保持心态平和；适当运动锻炼；清淡饮食，坚持低盐、低脂、低胆固醇、低热量、高蛋白质和高维生素饮食，少吃动物脂肪、内脏，多吃豆类及豆制品、粗粮、蔬果，进餐速度要慢，勿暴饮暴食，禁烟限酒；遵医嘱按时服药，防控其他并发症。

3. 常用养生方法技术

（1）耳针：取内分泌、皮质下、神门、交感、心、肝、肾。每次选用3～4穴，用碘酒严格消毒后，毫针中等强度刺激，留针30 min，间歇运针，两耳交替使用。隔日1次。

（2）艾灸：取足三里、绝骨。患者平卧位，每次灸1侧，将艾绒做成黄豆大小的艾炷，每穴灸3～5壮，每星期1～2次，10次为1个疗程。

（3）足浴：轻度高血脂患者取虎杖60 g，煎煮30 min后，兑水至40℃左右，再兑20 mL白酒一起倒入泡腿桶中。浸泡双下肢，每天一次，每次30 min左右。病情相对重的患者可改虎杖为30 g，再加苍术30 g，决明子30 g，泽泻30 g，生黄芪20 g，党参20 g。

（4）脐疗：生山楂、桃仁、生大黄、没药各 10 g，打粉后用牛奶调和好在肚脐贴敷。每天在睡觉前贴上，白天再把贴敷揭去，10 天为 1 个疗程，一般用 3 个疗程。

（5）药膳食疗

三乌汤：何首乌 15 g，黑豆 50 g，大枣 10 枚，乌骨鸡 1 只，黄酒、葱、姜、食盐、味精各适量。佐餐服食，喝鸡汤，吃鸡肉和黑豆、大枣。1 周食用 1 剂。

山楂粥：山楂 30 ～ 45 g（或鲜山楂 60 g），粳米 100 g，砂糖适量。将山楂煎取浓汁，去渣，与洗净的粳米同煮，粥将熟时放入砂糖，稍煮一二沸即可。可做点心热服，每天 1 次，10 天为 1 个疗程。

菊花决明子粥：菊花 10 g，决明子 10 ～ 15 g，粳米 50 g，冰糖适量。先将决明子放入砂锅内炒至微有香气，取出，待冷后与菊花煎汁，去渣取汁，放入粳米煮粥。粥将熟时，加入冰糖再煮一二沸后，即可食用。

木瓜汤：木瓜半个，小油菜 10 颗，草菇 4 朵，生姜 1 块。鲜木瓜去皮、去籽，洗净切块，油菜、草菇洗净，姜去皮洗净，草菇、姜切片备用；油锅炒姜片，闻到香味倒入清水，倒入草菇，中火烧沸；放木瓜、小油菜，加盐、白糖，大火煮滚，熟透后即可食用。

冬瓜薏米排骨汤：冬瓜 250 g，薏米 20 g，排骨 200 g。薏米放清水浸泡半小时，冬瓜不去皮，洗净切块备用，排骨洗净，焯水后备用；汤锅加适量清水，倒入薏米和排骨，大火煮沸，改小火煮 20 min，然后加冬瓜煮透明，最后加盐调味即可。

（三）糖尿病

糖尿病属于中医消渴的范畴。消渴是以多饮、多食、多尿、身体消瘦为特征的一种疾病。其中，渴而多饮者为上消；消谷善饥者为中消；口渴、小便如膏者为下消。中医认为，饮食不节、情志失调、劳欲过度、素体虚弱等因素均可导致消渴。

1. 森林康养对糖尿病患者的作用

森林环境中的有氧运动，如太极拳、八段锦等可促进一线的功能活动。

研究表明，体育运动可以有效降低 2 型糖尿病并高血压患者身体质量指数（BMI）、空腹血糖（FBG）、餐后 2 小时血糖（2h FBG）及糖化血红蛋白（HbA1c）、收缩压（SBP）及舒张压（DBP）水平。

2. 起居调养

保持情绪稳定，避免喜、怒、忧、思、悲、恐、惊等过度情志刺激，保持精神情绪平衡；饮食清淡，进食低糖易消化食物，控制进食总量；适当体育锻炼或体力活动；生活规律；限酒戒烟；限用影响血糖的药品或保健品；遵医嘱按时服药，做好血糖监测，防控其他并发症。

3. 常用养生方法技术

（1）耳针：主穴取胰、内分泌、肾上腺、缘中、三焦、肾、神门、心、肝。偏上消者加肺、渴点；偏中消者加脾、胃；偏下消者加膀胱。毫针轻刺激，或王不留行籽贴压法。每次取单耳 4 ～ 5 穴，隔日一次，10 次为 1 个疗程。

（2）艾灸：选取足三里、曲池、肺俞、膏肓、至阳、肝俞、脾俞、肾俞、京门、中脘、左期门、左梁门、关元、地机，采用小艾炷，前 10 天每穴各灸 3 炷，待患者耐受后逐渐增至 5 炷，坚持每日施灸。若口渴症状严重，可加灸太溪，女性患者可加灸三阴交。糖尿病患者抵抗力差，施灸部位容易化脓，所以开始时必须小灸，然后逐渐增加到 5 炷。糖尿病患者的膝盖下部如果出现灸痕则不容易愈合，因此施灸时要谨慎，避免在膝盖下部做重灸（多炷灸）。

（3）按摩：取脾俞穴、足三里穴、阳陵泉穴、曲池穴、阴陵泉穴、三阴交穴等穴，一般采用先顺时针摩 30 ～ 40 次，再逆时针摩 30 ～ 40 次进行。

（4）药膳食疗

糯米桑根茶：糯米（炒黄）、桑根（白皮）各等份。每用 30 ～ 50 g，水 1 大碗，煮至半碗，渴则饮。

冬瓜皮西瓜皮汤：冬瓜皮、西瓜皮各 50 g，天花粉 15 g。水煎服。适用于口渴为主的糖尿病。

菠菜根粥：鲜菠菜根 250 g，鸡内金 10 g，大米 50 g。菠菜根洗净，切碎，加水同鸡内金共煎煮 30 ～ 40 min，然后下大米煮作烂粥。每日分 2 次连菜与粥服用。

甘薯叶冬瓜汤：鲜甘薯叶 150 g，冬瓜 100 g。煎汤，每日分 2 次服用。

枸杞粳米粥：枸杞子 20 g，粳米 50 g 煮粥。

（四）冠心病

冠心病属于中医"胸痹"的范畴。中医学认为，冠心病主要是由于年老体衰、正气亏虚，脏腑功能损伤，阴阳气血失调，再加七情内伤、饮食不节、寒冷刺激、劳逸失度等因素的影响，导致气滞血瘀，胸阳不振，痰浊内生，使心脉痹阻而致病。

1. 森林康养对冠心病患者的作用

森林康养基地风景秀丽，气候适宜，环境中负氧离子高，可促进气体交换，改善新功能及心肌营养不良的状况。森林环境中，植物释放的芬多精具有安神镇静的作用，助于舒缓冠心病患者的症状。森林环境中适宜开展有氧运动，研究表明，人体有氧运动训练对改善经皮冠状动脉介入治疗后患者的有氧运动能力和生活质量效果显著且安全性高。针灸联合八段锦治疗冠心病心力衰竭能改善患者运动能力，提升生活质量、心脏功能及临床效果，改善焦虑状态。

2. 起居调养

避免过度情志刺激，保持良好的心理适应能力；调整生活起居，秋冬季节及气候变化时注意保暖防寒；饮食清淡，营养均衡，勿暴饮暴食，坚持低盐、低脂、低胆固醇、低热量、高蛋白质和高维生素饮食，少吃动物脂肪、内脏，多吃豆类及豆制品、粗粮、蔬果，戒烟限酒；适当运动锻炼；遵医嘱按时服药，控制高血脂、高血压、高血糖等冠心病危险因素；若出现胸部闷痛发作时应及时到医院就诊。

3. 常用养生方法技术

（1）耳穴：常用穴为心脏点、交感、支点。备用穴为神门、心、肾上腺。以常用穴为主，酌加备用穴，以王不留行籽作穴位贴敷。应在耳郭内外对贴，以加强刺激。每日按压 3 ～ 4 次，每次按压 5 ～ 10 min。每周贴敷 2 次，20 次为 1 个疗程，须做 2 ～ 4 个疗程。

（2）艾灸：取膻中、玉堂、紫宫、厥阴俞、心俞、内关。艾灸时可以将一些内服药，比如复方丹参片、丹参滴丸、硝酸甘油片，三样药物碾碎成粉，用香油或陈醋调和成糊状，抹在需要施灸的穴位处，再进行艾灸，效果更佳。每星期 1 ～ 2 次，10 次为 1 个疗程。

（3）药膳食疗

玉竹猪心：玉竹 50 g，猪心 500 g，生姜、葱、花椒，食盐适量。将玉竹洗净，切成节，用水稍润，煎熬 2 次，收取药液 1000 g。将猪心破开，洗净血水，与药液、生姜、葱、花椒同置锅内在火上煮到猪心六成熟时，捞出晾凉。将半熟的猪心放在卤汁锅内，用文火煮熟捞起，揩净浮沫。在锅内加卤汁适量，放入食盐、白糖、味精和香油，加热成浓汁，将其均匀地涂在猪心里外即成。每日 2 次，佐餐食。

薤白粥：薤白 10 ～ 15 g（鲜者 30 ～ 60 g），葱白 2 茎，粳米 50 ～ 100 g。薤白、葱白洗净切碎，与粳米一同煮为稀粥。可间断温热服用。发热时不宜选用。

丹参饮：丹参 30 g，檀香 6 g，冰糖 15 g。将丹参、檀香洗净入锅，加水适量，武火烧沸，文火煮 45 ～ 60 min，滤汁去渣即成。每日服 1 剂，分 3 次服用。

三仁粥：桃仁、枣仁、柏子仁各 10 g，粳米 60 g，白糖 15 g。将桃仁、枣仁、柏子仁打碎，加水适量，置武火煮沸 30 ～ 40 min，滤渣取汁，将粳米淘净入锅，倒入药汁，武火烧沸，文火熬成粥。

（五）中风后遗症

中医学认为，中风病是由于正气亏虚，饮食、情志、劳倦内伤等引起气血逆乱，产生风、火、痰、瘀，导致脑脉痹阻或血溢脑脉之外为病，以突然昏仆、半身不遂、口眼㖞斜、言语謇涩或不语、偏身麻木为主要临床表现的病症。

中医后遗症，系中风发病半年以上而某些临床症状、体征未能消失，主要表现为指一侧肢体肌力减退、活动不利或完全不能活动。患者常伴有同侧肢体的感觉障碍，如冷热不知、疼痛不觉等，有时还可伴有同侧的视野缺损。

1. 森林康养对中风后遗症患者的作用

森林康养活动包括森林浴、传统运动功法、森林作业疗法、药浴、食疗、健康教育、心理疏导、药物疗法等诸多内容。康复运动可改善中风后遗症患者肢体功能，促进患者康复。对于中风后遗症患者来讲，情绪尤为重要，保持平和心态，树立战胜疾病的信息，积极参与治疗及康养，非常重要。

2. 起居调养

避免喜、怒、忧、思、悲、恐、惊等过度情志刺激，保持心态平和，精神愉快；顺应四季气候变化，调整生活起居，秋冬季节应特别注意保暖防寒；饮食清淡，营养均衡，勿暴饮暴食。坚持低盐、低脂、低胆固醇、低热量、高蛋白质和高维生素饮食，少吃动物脂肪、内脏，多吃豆类及豆制品、粗粮、蔬果，戒烟限酒；定期监测血压；遵医嘱按时服药，控制高血脂、高血压、高血糖等中风危险因素；若出现头目眩晕加重、肢体活动不利、言语謇涩，甚至神志不清等时应及时到医院就诊。

3. 常用养生方法技术

（1）艾灸：取足三里、悬钟，上肢瘫痪加肩井、合谷、曲池、外关；下肢瘫痪加三阴交；口眼㖞斜加下关。隔日灸1次，每次灸10～20 min，15次为1个疗程。

（2）推拿按摩：头面颈项部：百会、四神聪、睛明、太阳、颊车、地仓、迎香、风池、风府等穴，眼轮、四轮匝肌、面肌等部位。背部：背俞、督脉诸穴。上肢部：肩三穴（肩前穴、肩髃穴、肩贞穴）、曲池、合谷、外关等穴，和上肢伸肌群。下肢部：环跳、髀关、伏兔、血海、风市、承扶、殷门、委中、承山、昆仑、解溪等穴和下肢屈肌群。

（3）药膳食疗

黄芪桂枝粥：黄芪 15 g，炒白芍、桂枝各 10 g，生姜 3 片，4 味水煎取汁，与大米 100 g、大枣 5 枚同煮为稀粥服食。

虫草郁金鸡：母鸡 1 只，冬虫夏草 30 g，郁金 50 g，将鸡剖杀，开腹洗净，纳入虫草、郁金及适量调料，缝严后炖烂服用。

橘皮山楂粥：橘子皮 10 g、山楂肉（干品）15 g、莱菔子 12 g，先分别焙干，共研为细末；另将糯米 100 g 煮粥，粥将成时加入药末再稍煮，入食盐少许调味，候温可随意食用。

芪杞炖鳖：鳖肉 200 g、黄芪 30 g、枸杞子 20 g，加适量水同炖至鳖肉熟烂，即可服食。

黄精珍珠牡蛎粥：黄精 10 g，珍珠母、牡蛎各 30 g，3 味水煎取汁，加大米 50 g 煮为稀粥服食。

（六）慢性阻塞性肺病

慢性阻塞性肺疾病是一种具有气流阻塞特征的慢性支气管炎和（或）肺气肿，可进一步发展为肺心病和呼吸衰竭的常见慢性疾病。临床呈起病慢，反复发作，逐渐进展的过程，最终导致死亡。中医学认为，慢阻肺属"咳嗽""喘证""肺胀"范畴。

1. 森林康养对慢性阻塞性肺疾病患者的作用

森林环境中含氧量较高，可显著提高人体的血氧含量，提高慢性阻塞性肺病患者的生活质量，长期在森林环境中进行运动功法练习，有助于肺通气功能的改善，促进人体健康。同时，森林康养能提高人体 NK 细胞的活性和数量，增强免疫力，提升本病患者生活质量。

2. 起居调养

避免喜、怒、忧、思、悲、恐、惊等过度情志刺激，保持心态平和，精神愉快；顺应四时季节气候变化，适时增减衣物，尤至冬春等季时可采取相应措施加强预防，避免到人群密集且通风不良的公共场所逗留；饮食宜清淡易消化，同时富含营养；避免过度饱食，忌生冷、辛辣、肥甘，戒

烟；适度运动有利于病情康复，包括慢走、踏车等全身运动和腹式呼吸、缩唇呼吸等呼吸训练。循序渐进，注意避免过度劳累；对于高龄、体弱、久病、平素易外感者亦可考虑接种肺炎、流感疫苗，及注射胸腺素、转移因子、核酪注射液等方法；对于从事煤矿、开凿矿石、隧道建筑、金属加工、造纸、棉纺、水泥制造等工作的人员，均应采取相应的措施保证通风换气，加强职业防护。

3. 常用养生方法技术

（1）耳穴：常用耳穴为肺、胃、口、神门、交感等。

（2）穴位敷贴：冬病夏治，取肺俞、脾俞、肾俞、定喘等穴，以半夏、细辛、干姜、白芥子、生姜等药制成药饼，于三伏气候炎热之时进行。

（3）药膳食疗

百合柚子饮：新鲜柚子皮一个，百合120 g，五味子30 g，川贝30 g，放入砂锅内，加水1500 mL，煎两小时，去药渣，调入适量白糖，装瓶备用。一剂三日服完，连服5～10剂。

桑叶杏仁饮：桑叶10 g，杏仁、沙参各6 g，浙贝3 g，梨皮15 g，冰糖10 g，煎水代茶饮。适用于急性发作者及病后余热未清者。

核桃百合粥：核桃仁20 g，百合10 g，粳米100 g，共煮粥，每日早晚分服。

莱菔子粳米粥：莱菔子粉15 g，粳米100 g，两味同煮粥，早晚餐温热服之，每日1剂。气虚痰盛型患者尤适宜。

百合白果牛肉汤：百合、白果各60 g，红枣15枚，牛肉400 g，生姜5片，食盐少许。牛肉洗净切成薄片；白果去壳，热水浸去外薄膜，洗净；百合、红枣、生姜清水洗净；红枣去核；生姜去皮切5片。砂锅中加水500 mL，猛火煮沸，放入百合、红枣、白果、姜片，改中火把百合煮熟，加入牛肉，炖至肉熟，放入食盐调味即可。每天1～3次，每次150～200 mL。

（七）痛风

痛风是一种世界流行的代谢病，是人体内嘌呤代谢紊乱，尿酸的合成增加或排出减少，造成高尿酸血症，血尿酸浓度过高时，尿酸以钠盐的形式沉积在关节、软骨和肾脏中，引起组织异物炎性反应。在中医学，痛风可归属于"痛风""痹证""白虎历节""脾瘅"等，其发病与遗传、性别、年龄、生活方式、饮食习惯、治疗药物、其他疾病等诸多因素有关。

1.森林康养对痛风患者的作用

健康管理师会严格制定痛风患者的食谱，并设计其运动方案。研究表明，基于饮食运动干预的延续性管理模式能有效提高患者的遵医用药意识及生活质量，降低复发率。饮食护理＋运动疗法应于痛风患者，有助于改善痛风发作及代谢情况，提升生活质量。

2.起居调养

避免喜、怒、忧、思、悲、恐、惊等过度情志刺激，保持心态平和，精神愉快；顺应四季气候变化，调整生活起居，防受寒及过度劳累；饮食清淡，营养均衡，低嘌呤饮食，不吃或少吃海鲜、动物内脏、菌藻类、发酵类等高嘌呤食物；禁忌酒类；适当运动锻炼，控制体重。

3.常用养生方法技术

（1）足浴：山慈菇150 g，蜈蚣6条，皂角刺120 g，玄参、金银花各100 g。将上药一同放入锅中加水适量，煎煮2次，合并煎液入木盆中（木盆散热慢，保温时间长），先熏蒸双足，待温度适宜时（38～45℃）再浸泡双足，每次30～40 min，每日2次，每次1剂。

（2）按摩：按揉风市、血海、阳陵泉、肩井、外关，按压手三里、环跳，掐压合谷，点压阳溪、委中。

（3）拔罐：腰下部位及上肢部关节炎取大椎、身柱、风门、心俞、膈俞，腰下部及下肢部关节炎取脾俞、三焦俞、大肠俞。先取大小适宜之火罐于主穴处拔4～6罐，然后依据患病部位的不同而选用穴位，每部位拔4～8罐不等。留罐时间为15～20 min。每日或隔日1次，两周为1个疗程。

4.药膳食疗

车前子煮冬瓜：车前子20 g，冬瓜100 g，菜油、盐、酱油、姜、葱适

量,煮汤食。每天 1 次,10 ～ 20 天为 1 个疗程。

当归炒苦瓜:当归 20 g,甘草 10 g,苦瓜 100 g,菜油、盐、酱油、姜、葱末各适量。当膳食,吃苦瓜,每天 1 次,每 10 ～ 20 天为 1 个疗程。

薏苡仁大米粥:薏苡仁、大米各 50 g,加适量清水煮成稀粥即可。每日早晚服,每次 1 小碗,每 2 周为 1 个疗程。

独活山药汤:独活、甘草各 10 g,山药 100 g,细盐、姜末各适量。当药膳用,每日早晚服,每次 1 小碗,每 2 ～ 3 周为 1 个疗程。

黑豆木瓜茶:黑豆 20 g,宣木瓜 10 g,细盐适量,沸水冲泡 30 min 即成。代茶饮,每天分 3 次服,每次 1 小碗,每 2 周为 1 个疗程。

冬瓜肉桂茶:冬瓜 100 g,肉桂 10 g,将冬瓜连皮切碎加肉桂一起用沸水冲泡 30 min 即成。代茶饮服,每天分 5 次服,每次 120 mL,每 10 ～ 20 天为 1 个疗程。

附录 药食同源目录

（一）《卫生部关于进一步规范保健食品原料管理的通知》——卫法监发［2002］51号

附件1：既是食品又是药品的物品名单（87种）

（按笔画顺序排列）

丁香、八角茴香、刀豆、小茴香、小蓟、山药、山楂、马齿苋、乌梢蛇、乌梅、木瓜、火麻仁、代代花、玉竹、甘草、白芷、白果、白扁豆、白扁豆花、龙眼肉（桂圆肉）、决明子、百合、肉豆蔻、肉桂、余甘子、佛手、杏仁（甜、苦）、沙棘、牡蛎、芡实、花椒、赤小豆、阿胶、鸡内金、麦芽、昆布、枣（大枣、酸枣、黑枣）、罗汉果、郁李仁、金银花、青果、鱼腥草、姜（生姜、干姜）、枳椇子、枸杞子、栀子、砂仁、胖大海、茯苓、香橼、香薷、桃仁、桑叶、桑椹、桔红、桔梗、益智仁、荷叶、莱菔子、莲子、高良姜、淡竹叶、淡豆豉、菊花、菊苣、黄芥子、黄精、紫苏、紫苏籽、葛根、黑芝麻、黑胡椒、槐米、槐花、蒲公英、蜂蜜、榧子、酸枣仁、鲜白茅根、鲜芦根、蝮蛇、橘皮、薄荷、薏苡仁、薤白、覆盆子、藿香。

附件2：可用于保健食品的物品名单（114种）

（按笔画顺序排列）

人参、人参叶、人参果、三七、土茯苓、大蓟、女贞子、山茱萸、川牛膝、川贝母、川芎、马鹿胎、马鹿茸、马鹿骨、丹参、五加皮、五味子、升麻、天门冬、天麻、太子参、巴戟天、木香、木贼、牛蒡子、牛蒡根、车前子、车前草、北沙参、平贝母、玄参、生地黄、生何首乌、白及、白术、白芍、白豆蔻、石决明、石斛（需提供可使用证明）、地骨皮、当归、竹茹、红花、红景天、西洋参、吴茱萸、怀牛膝、杜仲、杜仲叶、沙苑子、牡丹皮、芦荟、苍术、补骨脂、诃子、赤芍、远志、麦门冬、龟甲、佩兰、侧柏叶、制大黄、制何首乌、刺五加、刺玫果、泽兰、泽泻、玫瑰花、玫

贵州省
森林康养规划设计研究

瑰茄、知母、罗布麻、苦丁茶、金荞麦、金樱子、青皮、厚朴、厚朴花、姜黄、枳壳、枳实、柏子仁、珍珠、绞股蓝、胡芦巴、茜草、荜茇、韭菜子、首乌藤、香附、骨碎补、党参、桑白皮、桑枝、浙贝母、益母草、积雪草、淫羊藿、菟丝子、野菊花、银杏叶、黄芪、湖北贝母、番泻叶、蛤蚧、越橘、槐实、蒲黄、蒺藜、蜂胶、酸角、墨旱莲、熟大黄、熟地黄、鳖甲。

附件3：保健食品禁用物品名单（59种）

（按笔画顺序排列）

八角莲、八里麻、千金子、土青木香、山莨菪、川乌、广防己、马桑叶、马钱子、六角莲、天仙子、巴豆、水银、长春花、甘遂、生天南星、生半夏、生白附子、生狼毒、白降丹、石蒜、关木通、农吉痢、夹竹桃、朱砂、米壳（罂粟壳）、红升丹、红豆杉、红茴香、红粉、羊角拗、羊踯躅、丽江山慈菇、京大戟、昆明山海棠、河豚、闹羊花、青娘虫、鱼藤、洋地黄、洋金花、牵牛子、砒石（白砒、红砒、砒霜）、草乌、香加皮（杠柳皮）、骆驼蓬、鬼臼、莽草、铁棒槌、铃兰、雪上一枝蒿、黄花夹竹桃、斑蝥、硫黄、雄黄、雷公藤、颠茄、藜芦、蟾酥。

（二）《按照传统既是食品又是中药材的物质目录（2013版）》——国卫办食品函〔2013〕29号

序号	名称	植物名/动物名	拉丁名	所属科名	食用部位
1	丁香	丁香	Eugenia caryophyllata Thunb.	桃金娘科	花蕾
2	八角茴香	八角茴香	Illicium verum Hook.f.	木兰科	成熟果实
3	刀豆	刀豆	Canavalia gladiata(Jacq.)DC.	豆科	成熟种子
4	小茴香	茴香	Foeniculum vulgare Mill.	伞形科	成熟果实
5	小蓟	刺儿菜	Cirsium setosum(Willd.) MB.	菊科	地上部分

续表

序号	名称	植物名/动物名	拉丁名	所属科名	食用部位
6	山药	薯蓣	Dioscorea opposita Thunb.	薯蓣科	根茎及果实
7	山楂	山里红	Crataegus pinnatifida Bge.var. major N.E.Br.	蔷薇科	成熟果实
		山楂	Crataegus pinnatifida Bge.	蔷薇科	
8	马齿苋	马齿苋	Portulaca oleracea L.	马齿苋科	地上部分
9	乌梅	梅	Prunus mume (Sieb.)Sieb.et Zucc.	蔷薇科	近成熟果实
10	木瓜	贴梗海棠	Chaenomeles speciosa (Sweet) Nakai	蔷薇科	近成熟果实
11	火麻仁	大麻	Cannabis sativa L.	桑科	成熟种子
12	代代花	代代花	Citrus aurantium L.var.amara Engl.	芸香科	花蕾和果实
13	玉竹	玉竹	Polygonatum odoratum (Mill.) Druce	百合科	根茎
14	甘草	甘草	Glycyrrhiza uralensis Fisch.	豆科	根和根茎
		胀果甘草	Glycyrrhiza inflata Bat.	豆科	
		光果甘草	Glycyrrhiza glabra L.	豆科	
15	白芷	白芷	Angelica dahurica(Fisch.ex Hoffm.)Benth.et Hook.f.	伞形科	根
		杭白芷	Angelica dahurica(Fisch.ex Hoffm.)Benth. et Hook.f.var. formosana(Boiss.)Shan et Yuan	伞形科	
16	白果	银杏	Ginkgo biloba L.	银杏科	成熟种子
17	白扁豆/白扁豆花	扁豆	Dolichos lablab L.	豆科	成熟种子/花
18	龙眼肉	龙眼	Dimocarpus longan Lour.	无患子科	假种皮

序号	名称	植物名/动物名	拉丁名	所属科名	食用部位
19	决明子	决明	Cassia obtusifolia L.	豆科	成熟种子
		小决明	Cassia tora L.	豆科	
20	百合	卷丹	Lilium lancifolium Thunb.	百合科	肉质鳞叶
		百合	Lilium brownii F.E.Brown var. viridulum Baker	百合科	
		细叶百合	Lilium pumilum DC.	百合科	
21	肉豆蔻	肉豆蔻	Myristica fragrans Houtt.	肉豆蔻科	种仁
22	肉桂	肉桂	Cinnamomum cassia Presl	樟科	树皮
23	余甘子	余甘子	Phyllanthus emblica L.	大戟科	成熟果实
24	佛手	佛手	Citrus medica L.var.sarcodactylis Swingle	芸香科	成熟果实
25	苦杏仁	山杏	Prunus armeniaca L.var.ansu Maxim	蔷薇科	味苦的成熟种子
		西伯利亚杏	Prunus sibirica L.	蔷薇科	
		东北杏	Prunus mandshurica (Maxim) Koehne	蔷薇科	
		杏	Prunus armeniaca L.	蔷薇科	
26	甜杏仁	杏	Prunus armeniaca L.	蔷薇科	部分栽培种味甜的种子
		山杏	Prunus armeniaca L.var.ansu Maxim	蔷薇科	
27	沙棘	沙棘	Hippophae rhamnoides L.	胡颓子科	成熟果实
28	芡实	芡	Euryale ferox Salisb.	睡莲科	成熟种仁
29	花椒	青椒	Zanthoxylum schinifolium Sieb.et Zucc.	芸香科	成熟果皮
		花椒	Zanthoxylum bungeanum Maxim.	芸香科	

续表

序号	名称	植物名/动物名	拉丁名	所属科名	食用部位
30	赤小豆	赤小豆	Vigna umbeuata Ohwi et Ohashi	豆科	成熟种子
		赤豆	Vigna angularis Ohwi et Ohashi	豆科	
31	阿胶	驴	Equus asinus L.	马科	皮或鲜皮经煎煮、浓缩制成的固体胶
32	鸡内金	家鸡	Gallus gallus domesticus Brisson	雉科	沙囊内壁
33	麦芽	大麦	Hordeum vulgare L.	禾本科	成熟果实（经发芽的炮制加工品）
34	昆布	海带	Laminaria japonica Aresch.	海带科	叶状体
		昆布	Ecklonia kurome Okam.	翅藻科	
35	枣（大枣、黑枣）	枣	Ziziphus jujuba Mill.	鼠李科	成熟果实
36	罗汉果	罗汉果	Siraitia grosvenorii (Swingle.) C.Jeffrey ex A.M.Lu et Z.Y.Zhang	葫芦科	果实
37	金银花	忍冬	Lonicera japonica Thunb.	忍冬科	花蕾或带初开的花
38	青果	橄榄	Canarium album Raeusch.		
39	鱼腥草	蕺菜	Houttuynia cordata Thunb.	三白草科	全草或地上部分
40	姜（生姜、干姜）	姜	Zingiber officinale Rosc.	姜科	生姜所用为新鲜根茎，干姜为晒干或低温者根茎
41	枸杞子	宁夏枸杞	Lycium barbarum L.	茄科	成熟果实
42	栀子	栀子	Gardenia jasminoides Ellis	茜草科	成熟果实

序号	名称	植物名/动物名	拉丁名	所属科名	食用部位
43	砂仁	阳春砂	Amomum villosum Lour.	姜科	成熟果实
		绿壳砂	Amomum villosum Lour.var. xanthioides T.L.Wu et Senjen	姜科	
		海南砂	Amomum longiligulare T.L.Wu	姜科	
44	胖大海	胖大海	Sterculia lychnophora Hance	梧桐科	成熟种子
45	茯苓	真菌茯苓	Poria cocos(Schw.)Wolf	多孔菌科	菌核
46	香橼	枸橼	Citrus medica L.	芸香科	成熟果实
		香圆	Citrus wilsonii Tanaka	芸香科	
47	香薷	石香薷	Mosla chinensis Maxim.	唇形科	地上部分
		江香薷	Mosla chinensis 'jiangxiangru'	唇形科	
48	桃仁	桃	Prunus persica(L.)Batsch	蔷薇科	成熟种子
		山桃	Prunus davidiana(Carr.)Franch.	蔷薇科	
49	桑叶	桑	Morus alba L.	桑科	叶
50	桑椹	桑	Morus alba L.	桑科	果穗
51	橘红	橘	Citrus reticulata Blanco	芸香科	橘及其栽培变种的外层果皮
52	橘皮（或陈皮）	橘	Citrus reticulata Blanco	芸香科	橘及其栽培变种的成熟果皮
53	桔梗	桔梗	Platycodon grandiflorum (Jacq.) A.DC.	桔梗科	根
54	荷叶	莲	Nelumbo nucifera Gaertn.	睡莲科	叶
55	莲子	莲	Nelumbo nucifera Gaertn.	睡莲科	成熟种子
56	莱菔子	萝卜	Raphanus sativus L.	十字花科	成熟种子
57	高良姜	高良姜	Alpinia officinarum Hance	姜科	根茎

续表

序号	名称	植物名/动物名	拉丁名	所属科名	食用部位
58	淡竹叶	淡竹叶	Lophatherum gracile Brongn.	禾本科	茎叶
59	淡豆豉	大豆	Glycine max(L.)Merr.	豆科	成熟种子的发酵加工品
60	菊花	菊	Chrysanthemum morifolium Ramat.	菊科	头状花序
61	菊苣	毛菊苣	Cichorium glandulosum Boiss.et Huet	菊科	全草作为药物，其地上部分作为蔬菜食用
		菊苣	Cichorium intybus L.	菊科	
62	黄精	滇黄精	Polygonatum kingianum Coll.et Hemsl.	百合科	根、叶及全草（叶和全草多用黄精苗）
		黄精	Polygonatum sibiricum Red.	百合科	
		多花黄精	Polygonatum cyrtonema Hua	百合科	
63	紫苏	紫苏	Perilla frutescens(L.)Britt.	唇形科	叶（或带嫩枝）
64	紫苏子	紫苏	Perilla frutescens(L.)Britt.	唇形科	成熟果实
65	葛根	野葛	Pueraria lobata (Willd.)Ohwi	豆科	根
		甘葛藤	Pueraria thomsonii Benth.	豆科	
66	黑芝麻	脂麻	Sesamum indicum L.	脂麻科	成熟种子
67	黑胡椒	胡椒	Piper nigrum L.	胡椒科	近成熟或成熟果实
68	槐花、槐米	槐	Sophora japonica L.	豆科	花及花蕾
69	蒲公英	蒲公英	Taraxacum mongolicum Hand.-Mazz.	菊科	全草
		碱地蒲公英	Taraxacum borealisinense Kitam.	菊科	
		同属数种植物		菊科	

序号	名称	植物名/动物名	拉丁名	所属科名	食用部位
70	蜂蜜	中华蜜蜂	Apis cerana Fabricius	蜜蜂科	酿的蜜
		意大利蜂	Apis mellifera Linnaeus	蜜蜂科	
71	榧子	榧	Torreya grandis Fort.	红豆杉科	成熟种子
72	酸枣、酸枣仁	酸枣	Ziziphus jujuba Mill.var. spinosa(Bunge)Hu ex H.F.Chou	鼠李科	果肉、种子
73	鲜白茅根	白茅	Imperatacylindrical Beauv.var. major(nees)C.E.Hubb.	禾本科	新鲜根茎
74	鲜芦根	芦苇	Phragmitis communis Trin.	禾本科	新鲜根茎及嫩芽
75	薄荷	薄荷	Mentha haplocalyx Briq.	唇形科	地上部分
76	薏苡仁	薏苡	Coixlacryma-jobi L.var. mayuen(Roman.)Stapf	禾本科	成熟种仁
77	薤白	小根蒜	Allium macrostemon Bge.	百合科	鳞茎
		薤	Allium chinense G.Don	百合科	
78	覆盆子	华东覆盆子	Rubus chingii Hu	蔷薇科	果实
79	藿香	广藿香	Pogostemon cablin (Blanco) Benth.	唇形科	地上部分
		土藿香	Agastache rugosus(Fisch. et Mey.)O.Ktze.	唇形科	
80	山银花	华南忍冬	Lonicera confuse DC.	忍冬科	花蕾或带初开的花
		红腺忍冬	Lonicera hypoglauca Miq.	忍冬科	花蕾或带初开的花
		灰毡毛忍冬	Lonicera macranthoides Hand.-Mazz.	忍冬科	花蕾或带初开的花
		黄褐毛忍冬	Lonicera fulvotomentosa Hsu et S.C.Cheng	忍冬科	花蕾或带初开的花

（三）《关于对党参等 9 种物质开展按照传统既是食品又是中药材的物质管理试点工作的通知》——国卫食品函〔2019〕311 号

对党参、肉苁蓉、铁皮石斛、西洋参、黄芪、灵芝、山茱萸、天麻、杜仲叶等 9 种物质开展按照传统既是食品又是中药材的物质（以下简称食药物质）生产经营试点工作。

序号	名称	植物名/动物名	拉丁学名	所属科名	部位
1	党参	党参	*Codonopsis pilosula*（Franch.）Nannf.	桔梗科	根
		素花党参	*Codonopsis pilosula* Nannf. var. *modesta* (Nannf.) L.T.Shen		
		川党参	*Codonopsis tangshen* Oliv.		
2	肉苁蓉（荒漠）	肉苁蓉	*Cistanche deserticola* Y.C.Ma	列当科	肉质茎
3	铁皮石斛	铁皮石斛	*Dendrobium officinale* Kimura et Migo	兰科	茎
4	西洋参	西洋参	*Panax quinquefolium* L.	五加科	根
5	黄芪	蒙古黄芪	*Astragalus membranaceus*（Fisch.）*Bge.var.mongholicus*（Bge.）Hsiao	豆科	根
		膜荚黄芪	*Astragalus membranaceus*（Fisch.）Bge.		
6	灵芝	赤芝	*Ganoderma lucidum*（Leyss. ex Fr.）Karst.	多孔菌科	子实体
		紫芝	*Ganoderma sinense* Zhao, Xu et Zhang		
7	山茱萸	山茱萸	*Cornus officinalis* Sieb.et Zucc.	山茱萸科	果肉
8	天麻	天麻	*Gastrodia elata* B1.	兰科	块茎
9	杜仲叶	杜仲	*Eucommia ulmoides* Oliv.	杜仲科	叶

备注：省级卫生健康委会同市场监管局（厅、委）提出试点的食药物质种类、风险监测计划和配套监管措施等，报请省级人民政府同意后，报国家卫生健康委与国家市场监管总局核定。

（四）《关于当归等 6 种新增按照传统既是食品又是中药材的物质公告》（2019 年第 8 号）

将当归、山奈、西红花、草果、姜黄、荜茇等 6 种物质纳入按照传统既是食品又是中药材的物质目录管理，仅作为香辛料和调味品使用。

序号	名称	植物名/动物名	拉丁学名	所属科名	部位	备注
1	当归	当归	*Angelica sinensis*(Oliv.)Diels	伞形科	根	仅作为香辛料和调味品
2	山奈	山奈	*Kaempferia galanga* L.	姜科	根茎	仅作为香辛料和调味品
3	西红花	番红花	*Crocus sativus* L.	鸢尾科	柱头	仅作为香辛料和调味品，在香辛料和调味品中又称"藏红花"
4	草果	草果	*Amomum tsao-ko* Crevost et Lemaire	姜科	果实	仅作为香辛料和调味品
5	姜黄	姜黄	*Curcuma longa* L.	姜科	根茎	仅作为香辛料和调味品
6	荜茇	荜茇	*Piper longum* L.	胡椒科	果穗	仅作为香辛料和调味品

备注：列入按照传统既是食品又是中药材的物质目录的物质，作为食品生产经营，应当符合《食品安全法》的规定。

参考文献

[1] 王笛，章舒晴.“体医融合”背景下针对慢性高血压病的运动处方应用研究 [C]// 江西省体育科学学会，全国学校体育联盟江西省分联盟，江西省体育学学科联盟，华东交通大学体育与健康学院.第四届“全民健身 科学运动”学术交流大会暨运动与健康国际学术论坛论文集.

[2] 陈杨.阳光心态护理联合中等强度有氧运动对高血压患者情绪和血压的影响 [J].心血管病防治知识，2023，13（35）：59-60+71.

[3] 付亚青，李丽.持续性护理干预对高脂血症患者血脂的影响研究 [J].实用临床护理学电子杂志，2019，4（22）：23+25.

[4] 曹超.运动疗法用于高脂血症治疗的作用评析 [J].现代医学与健康研究电子杂志，2019，3（04）：37-38.

[5] 田亮，胡子美.体育运动对中国 2 型糖尿病并高血压患者糖代谢及血压水平干预作用的 Meta 分析 [C]// 国际班迪联合会（FIB），国际体能协会（ISCA），中国班迪协会（CBF）.2024 年第二届国际体育科学大会论文集.

[6] 杨雪骅，方定一，左权，等.有氧运动训练对冠心病经皮冠状动脉介入术后患者有氧运动能力和生活质量的影响 [J].心脑血管病防治，2024，24（01）：57-59.

[7] 刘昕，黎明华.针灸联合八段锦对冠心病心力衰竭患者运动康复及生活质量的影响 [J].中外医学研究，2024，22（04）：1-4.

[8] 陈洪科.基于饮食运动干预的延续性管理模式对高尿酸血症痛风患者遵医行为的影响观察 [J].黑龙江医学，2021，45（16）：1706-1708.

[9] 徐晓杰，李桂兰，贾千千.饮食护理配合运动疗法在痛风患者中的实施价值 [J].医学食疗与健康，2022，20（16）：14-17.

[10] 薛芮，徐岸峰，廖民生.新质生产力视角下我国森林康养的产业融合与模式创新 [J].世界林业研究，2024，37（04）：17-22.DOI：10.13348/j.cnki.sjlyyj.2024.0070.y.

[11] 蒋怡斌，李英.森林度假活动与人格特质对参与者行为意图的影响 [J].浙江大学学报（理学版），2024，51（02）：247-260.

[12] 段光镁，樊立伟，卜婉宁，等.森林康养对人体身心健康影响研究的荟萃分析 [J].环境与职业医学，2024，41（02）：175-183+199.

[13] 纪小菲.基于森林康养的森林公园规划设计 [J].世界林业研究，2024，37（01）：148-149.

[14] 杨韩，罗杉，张麦芳，等.森林康养评价因素与层级结构研究[J].林业经济，2023，45（11）：73-96.DOI：10.13843/j.cnki.lyjj.20240011.001.

[15] 宋梦珂，武兴佳，赵希勇.森林康养基地高质量发展关键影响因素研究[J].林业经济问题，2023，43（06）：605-614.DOI：10.16832/j.cnki.1005-9709.20230172.

[16] 张清影.森林康养对文旅融合的促进——评《森林康养实务》[J].林业经济，2023，45（09）：98.DOI：10.13843/j.cnki.lyjj.2023.09.008.

[17] 江绪旺，俞书涵，李益辉，等.适老疗愈型森林康养基地评价研究[J].林业资源管理，2023，（03）：71-79.DOI：10.13466/j.cnki.lyzygl.2023.03.010.

[18] 耿建蕾.森林康养产业发展与基地规划设计——评《森林康养规划设计》[J].世界林业研究，2023，36（03）：140-141.

[19] 李巧玉，陈嬢嬢，余正玺，等.贵州省森林康养资源空间分布特征及影响因素分析[J].西南林业大学学报（自然科学），2023，43（03）：175-182.

[20] 颜美玲，张玲，唐高争.基于森林康养理念的城市公园规划设计[J].世界林业研究，2023，36（02）：146.

[21] 季从生.森林康养与体育旅游的耦合——评《森林康养概论》[J].林业经济，2022，44（12）：99.DOI：10.13843/j.cnki.lyjj.2022.12.004.

[22] 费文君，刘思语，高祥飞.森林康养基地资源评价方法研究[J].南京林业大学学报（自然科学版），2023，47（02）：187-196.

[23] 李小玉，向丽，黄金成，等.中国森林康养资源利用与产品开发[J].世界林业研究，2022，35（06）：75-81.DOI：10.13348/j.cnki.sjlyyj.2022.0086.y.

[24] 陈晓旭.森林康养与体育旅游的融合发展——评《森林康养实务》[J].林业经济，2022，44（09）：103.DOI：10.13843/j.cnki.lyjj.2022.09.002.

[25] 胡映，潘坤.全面乡村振兴背景下森林康养产业发展的农民主体性研究[J].农村经济，2022，（03）：77-83.

[26] 黄晓彬，邬翰臻，吴锋，等.绿色疗愈视角下的森林康养中心概念设计[J].世界林业研究，2022，35（01）：147.

[27] 郭诗宇，汪远洋，陈兴国，等.森林康养与康养森林建设研究进展[J].世界林业研究，2022，35（02）：28-33.DOI：10.13348/j.cnki.sjlyyj.2021.0103.y.

[28] 韩立红，田国双，高环.产业融合对森林康养产业发展的影响[J].东北林业大学学报，2021，49（08）：100-105.DOI：10.13759/j.cnki.dlxb.2021.08.019.

[29] 刘雁琪，邓高松.我国国家公园开展森林康养的现状与对策[J].林产工业，2021，58（08）：93-96+99.DOI：10.19531/j.issn1001-5299.202108018.